――ようこそ琥珀の世界へ
あなたは石の向こうに何を見ますか

琥珀
AMBER

はじめに

ほとんどの宝石は無機質の鉱物である。

綺麗な岩石も宝石として磨かれ、中には化石も宝石の素材として使われる事がある。それらは全て無機質であるが、中には有機質の宝石もある。その種類は大変に少なく、真珠、珊瑚、そして鼈甲《べっこう》は数少ない有機起源の宝石として知られていて、それらは動物の生命活動が作り出したものである。

厳密に植物起源の有機質宝石といえば、その数はかなり限られてしまい、珪化木、ジェット、そして琥珀が知られるのみである。しかし珪化木は結果として全体が無機鉱物の石英に変化してしまっているので、正確に言えば有機質の宝石からは除外される。

完全な植物起源の宝石として区分されるのが琥珀とジェットだが、琥珀は更に特別なものとして知られている。なにしろ透明なのである。その不思議さから、ほんの少し前まではこの宝石を有機物と考えるものなど一人としていなかったのである。

琥珀の故郷は太古の森である。

今日、琥珀の主産地として知られるバルト海とその沿岸は、今から3,000万年も昔の時代（新生代の古第三紀）には、熱帯性の植物が生い茂る大森林を形成していた。一帯に繁茂していた多くの植物は倒壊し、それらの木々が流した膨大な量の樹脂と共に地層に埋もれ、年月の経過を経て海底深くに沈んだ。海底に積もった泥の中で、悠久の年月は木々が流した樹脂を琥珀に変えた。やがて地球には４度目の氷河期が訪れ、気候の変化は海底の地層にも及びその中から琥珀を洗い出した。

バルト海に面したロシアのカリーニングラード、ポーランドのダグニスク、そしてリトアニア、デンマーク、ドイツは、世界最大の琥珀の産地として知られている。

黄色は黄金を連想させる。当時、金は太陽の化身と信じられていて、琥珀にはその太陽の光が閉じ込められていると考えていた。琥珀はその黄色故に宝石に成りえたのである。晴天の日、大空に向かって琥珀の粒をかざしてみると、視界が鮮やかな黄色に変り、光の世界が大きく広がる。この不思議な美しさは、古代の人々にとって特別に貴重なものであった。

第Ⅰ項　琥珀の歴史とイメージ

第Ⅱ項　琥珀を科学する

第Ⅲ項　琥珀の産地と形成の年代

第Ⅳ項　琥珀の美の秘密

◉ 琥珀の色と構造が見せる魅力

◉ 琥珀に行われる処理

第Ⅴ項　琥珀の鑑別

column

第Ⅰ項

琥珀の歴史とイメージ

かつて人達はこの黄色の石に何を見たのか？

琥珀への憧憬

過去の歴史の中で、特にこの宝石を好んだのはギリシャ人である。将軍ニシアス（ニキアス）は、バルト海の岸辺に打ち上げられている琥珀を見て、“毎日まいにち太陽が海の中に沈んでいく。海の底では多くの太陽の精が固まって次第に大きくなり、やがて故郷の空に戻ろうとして浮き上がってくる。琥珀はその途中で海岸に打ち上げられてしまったのだ”と言った。これが後に【太陽の精説】といわれるものとなるが、琥珀の伝説には、【太陽の石説】というものもある。太陽の石説は、ギリシャ神話にそのルーツがある。

太陽神の子パエトーンはある日のこと、父ゼウスの度重なる忠告を聞かずに太陽の馬車を走らせた。そして強引な走り方であまりにも地球に近づき過ぎてしまう。地上では多くの大地が焼かれ、オリンポスにも火の手が及びそうになる。そこでゼウスは稲妻を放って馬車を打ち落とすが、パエトーンはエリダノス川の河口付近に落ちて死んでしまう。その様を見ていた彼の姉妹達は地上に降りていき、遺体の傍らで来る日もくる日もその死を悲しんだ。やがて彼女達が流した涙は固まって琥珀になったという。

その後ヨーロッパでは、【人魚の涙説】という伝説も生れた。自分の海を荒らす漁師に、魚を獲るのをやめさせる為に姿を現した海の女神ユーラテ。しかし人間の漁師との恋に陥ってしまい、海底の神殿に招き入れ幸せな時を過ごしていたが、その事が最高神ペルクナスの知るところとなる。怒った最高神は雷を落として漁師を海底に閉じ込めて殺してしまう。それ以来、バルト海の沿岸には琥珀が打ち上げられる様になったというが、それを見た人々は、琥珀は漁師を偲んで流したユーラテの涙と信じた、というものである。こちらの方は、琥珀の産出状態に話

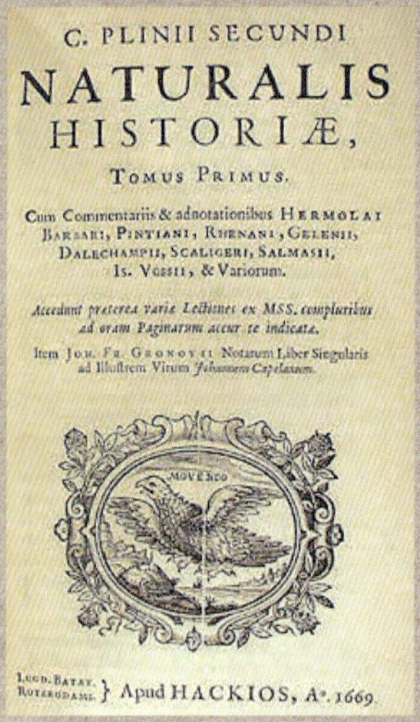
C. PLINII SECUNDI
NATURALIS
HISTORIÆ,
TOMUS PRIMUS.
Cum Commentariis & adnotationibus HERMOLAI BARBARI, PINTIANI, RHENANI, GELENII, DALECHAMPII, SCALIGERI, SALMASII, IS. VOSSII, & Variorum.
Accedunt praeterea variae Lectiones ex MSS. compluribus ad oram Paginarum accurate indicatae.
Item JOH. FR. GRONOVII Notarum Liber Singularis ad Illustrem Virum Johannem Capelanum.

LUGD. BATAV. ROTERODAMI. } Apud HACKIOS, A°. 1669.

大プリニウス「博物誌」

ギリシャの科学者タレス
（Θαλῆς／Thalēs／624～546B.C.頃）

のルーツがある様だ。

他にも、海洋神ポセイドンの末娘である人魚姫が王子との悲恋に嘆いて流した涙が琥珀になったとする話もあり、各地に残る人魚伝説とも相まって、琥珀は人魚の涙の化身と信じられたのである。

海水（塩水）に浮くという性質、さらにそこから生れた“人魚の涙”の伝説も手伝って、なんと18世紀の始めの頃まで、琥珀の故郷は海だと考えられていたのである。

しかしそんな時代にあって、ローマの博物学者であり政治家の（大）プリニウスは、彼の著書『博物誌』の中で“我々の祖父たちは、この宝石が木の汁(succus《サククス》) からできているという事を知っていて、それをサクシヌム（succinum）という名前で呼んでいた”と書いている。つまり琥珀が太陽の光や人魚の涙の化身であると広く信じられていた時代に、植物起源だと知っていた事になる。

名前の誕生

琥珀の大産地であるヨーロッパでは、ギリシャ人が黄色い琥珀を『elektron《エレクトロン》』という名前で呼んでいた。“太陽の光の様に輝かしいもの”という意味で、当時貨幣を作る素材として使われていたelectrum《エレクトラム》という金の合金の呼び名から出たものである。後にその名前はさらに琥珀のもつ個性的な性質にまで及ぶ事になる。

紀元前600年の頃、ギリシャの科学者タレスは、琥珀を毛皮で擦ると羽毛や糸くずを引き寄せる不思議な力が生まれる事に気付いた。今日ではその不思議な力は静電気の事だと誰でもが知っているが、当時は、琥珀に閉じ込められている太陽のエネルギーが擦る事により増大したと考えたのである。そのエレクトロンという名前は現代の「電気electricity《エレクトリシティ》」と「電子electron《エレクトロン》」の語源になっている。

column.1

アンバーの名前の由来と龍涎香

エレクトラムは、金 20%と銀 80%で作った合金の事だが、では、現在広く使われているアンバー（Amber）という名前はいったいどこで生れたのだろう。
じつは時代は大分下がり、中世期の頃に琥珀の取引を一手に行っていたアラブ人が使っていた“anbar《アンバル》”という言葉が語源となっている。それにはアラビア語の“龍涎香《りゅうぜんこう》のような香りがするもの”という意味があった。
龍涎香はマッコウクジラの腸内にできた特別な結石で、体外に排出されると比重が軽いために海面に浮き上がり、海岸まで流れ着く。いわゆる病理形成物であるが、不思議な事に乳香の様なバルサム臭があり、超高級な香料として同じ大きさの金の粒とほぼ同額で取引され、高価な時には金の 8 倍にもなったという。
龍涎香という名前は、“深い海の底に棲んでいる龍が安息の眠りの中で垂らした涎《よだ》れが固まったもので、それが偶然に海面に浮かび上がり発見されたもの”という想像の下に中国で名付けられたものである。形と色が独特で、えも言われぬ良い香りがするが、自然界の中には類似するものが見当たらない。唯一それに似ていたのが琥珀であった。
琥珀は比重が軽くて海水に浮いて流される性質がある事から、同語源の“海を漂うもの”も意味していた様で、それがやがて英語の「Amber」となった。
龍涎香も琥珀も浜辺に打ち上げられて見つかる事から、当時は混同され、今で言う琥珀は龍涎香の一種だと思われていたのである。さらに暖めたり燃やしたりすると共に芳香を発するという共通点をもっていたために、いつのまにか言葉が混同してしまった様だ。
つまり、名称の発生時点では“燃やすと龍涎香のような芳香を発するもの”という意味であったものが、時代の経過と共に物質そのものの名前となってしまったわけである。
龍涎香の名前は、マルコポーロが書いた東方見聞録の中にも見られる。それが西方に伝えられ、アラビアでは 7 世紀の頃に初めて香料として使用された。インド、スマトラで多く見つかり、アフリカ、ニュージーランド、ブラジル、日本の近海にも浮遊して、海岸にも打ち上げられて発見され、それを採取したところから、西洋では『アンバーグリス amber gris』の名がある。琥珀が嵐のあと海から打ち上げられて、龍涎香に性質が似ていたからである。フランスでは琥珀を「黄色いアンブル」、龍涎香を「灰色のアンブル amber gris」という。英語のアンバーグリスはここから来ているのである。
しかし 15 世紀頃になると、アンバーの名前は「樹脂」をさすようになり、本来の語源である「龍涎香」の意味は次第に忘れ去られて、龍涎香から生まれたアンバーという名前の方が、十字軍の進軍と共にヨーロッパ中に広まっていく。

龍涎香には、それを排出したマッコウクジラが食べていたタコやイカの硬い顎板（がくばん・俗に嘴のことで、いわゆるカラストンビ）や未消化の物質が含まれていて、消化できなかったエサを消化分泌物が固めたものと考えられているが、その生理的機構には不明な点が多い。

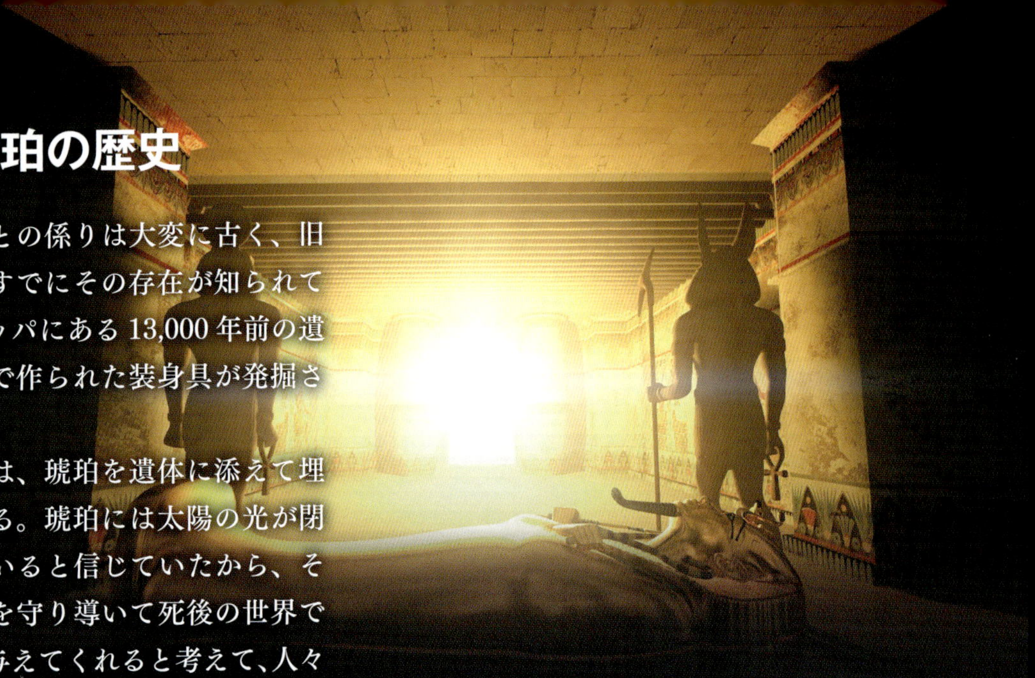

西洋の琥珀の歴史

琥珀と人類との係りは大変に古く、旧石器時代にはすでにその存在が知られていて、ヨーロッパにある13,000年前の遺跡からは琥珀で作られた装身具が発掘されている。

古代の墓には、琥珀を遺体に添えて埋葬した例がある。琥珀には太陽の光が閉じ込められていると信じていたから、それが死者の魂を守り導いて死後の世界で永遠の居住を与えてくれると考えて、人々は競って琥珀を手に入れようとした。

琥珀の交易は紀元前2,000年代の初め頃に始まったと考えられている。その当時、琥珀の産地であるバルト海の沿岸地方はまだ新石器時代、対して地中海諸国は青銅器時代になっていた。フェニキアやギリシャ、ローマの商人達は、陸路や海路を使って地中海沿岸で栄えていたエストニア人との間で交易を行って、金や銀、青銅器などを対貨として琥珀を入手し、地中海諸国に盛んに琥珀を運び込んだ。

しかし地中海の諸国では、それ以前にも琥珀に類似したものは知られていた。

琥珀に似たものに『乳香《にゅうこう》 frankincense《フランキンセンス》』や『没薬《もつやく》 myrrha《ミルラ》』と呼ばれている樹脂状の物質がある。やはり木が分泌した樹脂で、空気に触れると次第に固化して琥珀の様な外観になるが、琥珀と比べるとはるかに脆く、指で挟んで簡単に押し潰せる。

【乳香】没薬と同様に、乳香は琥珀にはなれなかった。樹液の性質が根本的に違っていたからである。写真はオマーン産。

【没薬】写真はイエメン産。乳香同様に、樹皮に切り込みを入れて樹液を染み出させて採取したもの。

乳香も没薬もスパイシーなバルサム臭と果実の香りが混じった様な神秘的な芳香を放つ為、火にくべてその香りを吸引して、紀元前から香料として利用されていた。もっとも古典期の「樹脂性香料 Resin《レジン》 incense《インセンス》」なのである。

エジプトでは、乳香や没薬を薫香《くんこう》としても使ったが、ミイラ作りの際にはミイラの頭皮の下に入れた。香料としてばかりでなく、その殺菌作用を生かして没薬を使ったのである。一説にはミイラの名の語源は『没薬 ミルラ myrrha』から来ているとも言われている。

そこに交易により琥珀が入ってきた。太陽神を崇拝していたエジプトでは、琥珀の力がミイラを腐敗や破損から守ってくれると考えて、琥珀の粒を頭の中に埋める様になる。

乳香や没薬は、王侯貴族の世界では黄金にも匹敵する価値で取引されていたが、東欧から持ち込まれてきた琥珀は正に別格であった。乳香や没薬とは違って石質は格段に強固であり、琥珀はまるで太陽の光を閉じ込めた様に鮮やかな黄色をし

左から『コーパル（コパル）』とよばれるもの。中央と右は琥珀とよばれるもの。左から右へ、形成の年代は古くなる。乳香や没薬は色こそ似ているものの、コーパルの硬さにも達しなく、指先で簡単に押し潰せる。

ていて、黄色の度合いが乳香などとは比べ物にならないほど美しかった。琥珀が貴重視されたのはいうまでもない。

さらに不思議な性質が琥珀を特別なものとした。石の様だが、持つと木の様に軽く独特の温もりがある。しかも石が燃えるのである。

これは想像の範囲を超えるものではないが、古のある日、海岸に打ち上げられていた流木を集めて焚き火をしたのだろう。木片に偶然挟まっていた琥珀も火に投じられた。すると琥珀は少しずつ泡を吹いて溶け、芳香を発しながらチロチロと燃え始めた。そして突然派手に燃え出して、真っ黒な煙をもうもうと上げた。

太陽の光を閉じ込めた様に見える石が火に投じると強い煙りを上げて燃えたのである。太陽の光を宿したこの不思議な石は、パフォーマンスの面でも人々の度肝を抜いたのである。

バルト海の沿岸諸国では、子供が生まれた時や結婚式に琥珀の粉を火にくべて祝う習慣が今に残る。琥珀の産地の1つであるドイツでは、かつて琥珀の事を「Berstein《バースタイン》」と呼んだ。“石が燃える”という意味である。そこから転じて、琥珀の事を『バーニングストーン Burning stone』ともいった。

東欧から琥珀が持ち込まれた当時、ヨーロッパでは琥珀は「北方の金」と呼ばれて、同じ大きさの金と琥珀を等価交換したのである。透明で黄色い琥珀は特別に貴重なもので、なんとその琥珀を使って彫った小さな像1つと屈強な奴隷1人が交換された記録が残っている。

数千年以上の長きにわたって人々はこのやわらかな黄金色に引き付けられた。

ローマ時代には琥珀には厄よけの力があると考えられ、薬としても使われた。ある時皇帝のネロは、琥珀を直接探してこいと部下に命じ、長い年月を要して部下はバルト海沿岸の国々から大量の琥珀を持ち帰っている。

その頃北欧では、琥珀を持つ事は王族にのみ許された特権で、特に白い琥珀は皇族のみの占有物となっていた。到底今からは考えられない事で、一般人はひとかけらの琥珀片を持つ事さえ許されなかった時代があったのである。

バルト海沿岸の国々とヨーロッパとの交易路は、紀元前7世紀頃にはすでに確立されていたが、次第に複数のルートが開拓されていった。

川沿いにヨーロッパを横断して黒海へ向かう道、地中海のマルセイユへいく山脈越えの道、陸路で黒海まで運び、フェニキア人によりローマやギリシャへと運ばれる海の道という大きな3つのルートがあり、これらをシルクロードに対して特別に“琥珀の道（アンバー・ロード）”と呼んでいる。

中世期になると琥珀の売買や加工は厳しく管理される様になり、十字軍遠征から戻ったばかりのドイツ騎士団はそれを厳しく統制した。許可無く琥珀を手に入れると、極端な場合には死刑になる事もあった様だ。

この時期、琥珀工芸はポーランド沿岸地域において最高の域に達し、グダニスクの加工職人の技術は世界一の水準にあった。ロシアのエカテリーナ宮殿には［琥珀の間］がある。18世紀最大の作品といわれ、プロシャ皇帝のフリードリッヒI世が、グダニスクの修士職人に作らせたもので、壁一面が様々な色調の琥珀のモザイクで飾られていて、使われた総量は10万個、6tといわれる。

エカテリーナ宮殿「琥珀の間」

時のロシア皇帝に献上されたが、その琥珀の間は、第2次世界大戦中に旧ソビエトに侵攻したドイツ軍によりバラバラに解体されて持ち去られてしまい、未だ行方知らずとなっている。2003年に復元されている。

解説

プロイセン Preußen（英語名はプロシャ）は、ドイツ北東部のバルト海南岸の大部分を占める地方をいい、1701年にプロイセン王国がブランデンブルク選帝侯フリードリッヒ3世を王として成立した。普仏戦争によりドイツ帝国を成立しその中核となるが、第二次世界大戦後は東ドイツ・ポーランド・ソビエトに分割された。

東洋の琥珀の歴史

琥珀は日本でも古い歴史を持っている。1998年に北海道の後期旧石器時代の柏台１遺蹟で出土した琥珀の小さなビーズは約２万年前のもので、世界で一番古い琥珀製品の中に入るとされている。縄文時代の遺跡からも多くの琥珀製の遺物が発見され、各地の遺跡から多くの琥珀が出土している。縄文時代の墓からは赤い琥珀が発見されている。古代に於いて赤色は、再生と甦りを意味しており、事実赤い琥珀の多くは子供の副葬品として添えられている事から、死んだ子供の魂が現世に戻る様に願ったものではないかと考えられている。

岩手県の久慈地方は日本に於ける最大の琥珀の産地であるが、その琥珀は縄文時代にはすでに各地へ流通していて、時代が下がった大和朝廷の古墳や出雲の遺跡からもその製品が出土している。古代の日本にも久慈と奈良や京都を結ぶ琥珀の道が存在した事がわかる。

さらにシルクロードを通って、外国産の琥珀が日本へ伝えられている。日本に仏教と共に伝わった経典の中に『七宝《しっぽう》』と呼ぶものがある。七宝荘厳《しっぽうしょうごん》といって、極楽浄土は７つの宝物によって飾られていると考えられていた。その７つの宝と

源氏物語絵巻「宿木」 徳川美術館蔵　琵琶を奏でる匂宮と、それに耳を傾ける中君。

かつて琥珀を掘っていた坑道跡。久慈琥珀博物館の敷地内に修復して残されているもので、江戸時代に掘り始められて、大正７年まで採掘が続けられていた。

は、金・銀・瑠璃《るり》・瑪瑙《めのう》・玻璃《はり》・珊瑚・蝦蛄《しゃこ》で、後に出来た宗派によっては多少の違いがあって、般若経では玻璃の代わりに琥珀となっている。

平安時代には琥珀は香として使われている。当時は入浴の習慣がなかったから、貴族のたしなみとして、琥珀を燃やした香りで体と着物を燻蒸したのである。

16世紀（明時代）になると、中国では李《り》 時珍《じちん》が『本草綱目《ほんぞうこうもく》』という博物学の本を書いた。後にわが国にも伝えられるが、その中に琥珀の記述がある。虎は中国では古くから神格化された動物で、“虎死して、則ち精魂地に入りて石と成る”と書かれていて、虎は死ぬとその魂は地中に潜って、琥珀となってずっと人間を守り続けると信じられた。当時の中国では『虎魄』という文字を当てていたが、後の時代になって文字に玉《ぎょく》偏を付けて琥珀と書く様になった。琥珀を宝石（宝玉《ほうぎょく》）として捉える様になったからである。別名を江珠《こうじゅ》という。

室町時代になると久慈では琥珀の本格的な採掘が始まる。江戸や京都で琥珀の需要が次第に高まったからで、江戸時代には特注を受けた南部藩の特産品となり、琥珀の坑道がいくつも掘られた。多くの鉱夫が採掘に従事し、日によっては10kg、20kgの琥珀が出る事もあったと今に記録されている。その賑わいは何と大正時代まで続いた。

琥珀の産地で知られる岩手県では特別な使い方をする。岩手には「曲がり屋」と呼ばれる伝統的な家屋があって、その中で馬などの家畜と一緒に生活をする。家畜に集まってくる蝿や虻《あぶ》を除ける為に、久慈地方では琥珀を燃やしてその煙と臭いで追い払っていたのである。

久慈では琥珀の事を『くんのこ（薫陸香）』と呼んでいるが、その言葉は元は中国で生れたものである。おそらくは、先述した「龍涎香（海の香料）」に対して呼んだものだろうが、その呼び方が久慈の土地に伝わった時に“くんりくこう”とか“くんろくこう”と呼ばれたものが、“くんのこ”となったのだろう。久慈の方言に“くんのこほっぱ”があるが、堀場《ほりば》（採掘場）の呼び名が加わって、“琥珀の採掘場所”となったものである。

久慈の琥珀は、戦時中は宝飾目的でなく採掘されて、船舶の底に塗りサビ止めとして使われている。

琥珀の薬効

ヒポクラテス　460B.C. ~ 377B.C.

琥珀という宝石を語る上では薬用面での解説も重要な１つであり、本来ならばこの項目は次項の“琥珀を科学する”に入れるべきである。しかし琥珀を宝石として扱う筆者はこの分野は門外漢なので、聞き書き程度にして本項に入れて、琥珀の魅力の引き立て役とした。

他の多くの宝石と同じで、琥珀が宝飾品として使われる様になったのは発見後やや後の事である。乳香も、コーパルもそして琥珀も、その特殊な質感と色合いから、原始の時代にはイマジネーションの世界の中で捉えられた。

人間は大地に育った植物を見たり、その群落の中に身をおいたり、それらの香りを体内に取り込むと、自然に同化するようにリラックスする。それらのものにはリラクゼーション relaxation の作用があるからで、多くの植物の中からその効果を強く感じる特別なものを選りすぐってきた。植物は太陽のエネルギーを得て育ち、同時に大地からもエネルギーを吸収して大きな力を蓄えている。そんな多くの植物の中から分泌された、乳香や没薬と呼ばれるものを発見して使ってきたという記録がある。

人間が初めて薬を使用した時期は古代にまで遡る。最初は動植物そのものや、その分泌物、次にはそれらがもつ芳香を

《日本の薫陸香》

岩手県久慈市の浦河世久慈層郡の海生堆積の玉川層（たまがわそう）から採取されたもの。土礫層中から琥珀塊が発見される。

利用したはずである。時には鉱物の中からも特殊な芳香の物質を選んで使ったと考えられる。琥珀もその1つとして利用されたのだろう。

乳香と呼ばれる半固形の樹脂も香料として利用され、聖書の中にもその名前が登場してくる。この樹脂の塊を火にくべ、神に捧げる為の神聖な香りとしても使われた。そこから乳香も没薬も、そして琥珀もセラピーとしての使われ方に発展していった事は想像に難くない。

ギリシャの医学者ヒポクラテス(460B.C.～377B.C.)は、琥珀のビーズを身につけていると頭の疲れや喉の痛みが和らぎ、確かに体の調整に効く様だと言っている。

古くから今日まで、琥珀にはそれを持つものに精神的効果や使い方によっては薬効があると言われている。過去の人々はその効果を体験で知ってきたが、現代の科学はそれをいくつも証明していて、セラピーは1つの科学として確立されている。

琥珀は漢方の世界でも使われ、鎮静の作用があり不眠を解消するとされ、さらには頭や喉の痛みを緩和して、腹痛等の治療にも効果があるとされる。粉末にしたり蒸留して抽出した成分を飲用したり、焚いてその煙を吸引して使われた。この事から、琥珀は中国でも“薫陸香《くんろくこう》”と呼ばれたのである。

漢方の本場の中国で書かれた『千金翼方《せんきんよくほう》』という百科事典によると、“琥珀は、五臓を穏やかに落ち着かせて、魂魄《こんぱく》(精神)を鎮め、物の怪や悪神を消して、瘀血《おけつ》を消して五淋《ごりん》を通じる(利尿作用)”とされている。

column.2

漢方やアロマセラピーの中の琥珀

千金翼方は、孫思邈《そんしばく》(581?～682)が民間経験方や医療経験を収集して晩年にまとめあげたもので、後世の医学の発展に大きく貢献し国外にもかなりの影響を及ぼした。
16世紀(1551年)に、ポーランドのひとりの医師によって[サクシニ・ヒストリア]という琥珀の本が書かれている。当時の医療の知識のレベルで書かれた世界初の医学書であるが、内容は伝聞やイメージが優先した時代の琥珀の薬効効果を記したものである。
同じ頃、ローマの医師アグリコーラは、琥珀を加熱して、そこからコハク酸やロジンやオイルを分離する事に成功しているが、ここでやっと科学の発想が芽生えたといえる。
しかし一方で、ヨーロッパでコレラが大流行した時、琥珀を燃やした煙で病魔を根絶しようとする試みがなされたというから、まだこの頃はイマジネーションと科学が共存していた事がわかる。
琥珀は漢方の分野でも使われている。琥珀を服用すると古い血を消し血液の循環を良好にするとされ、清朝の西太后は抑鬱《よくうつ》の状態の時に琥珀を服用していたといわれる。
琥珀は、アロマセラピー(aromatherapy)の世界でも使われている。アロマは芳香、セラピーは療法を意味していて、琥珀を薫蒸した香煙を使って、嗅覚を刺激して、心身をリラックスさせて活性化する事によって不調を治療する健康法というが、やはり筆者は門外漢なので話はすべてここ止まりとしておく。

第Ⅱ項

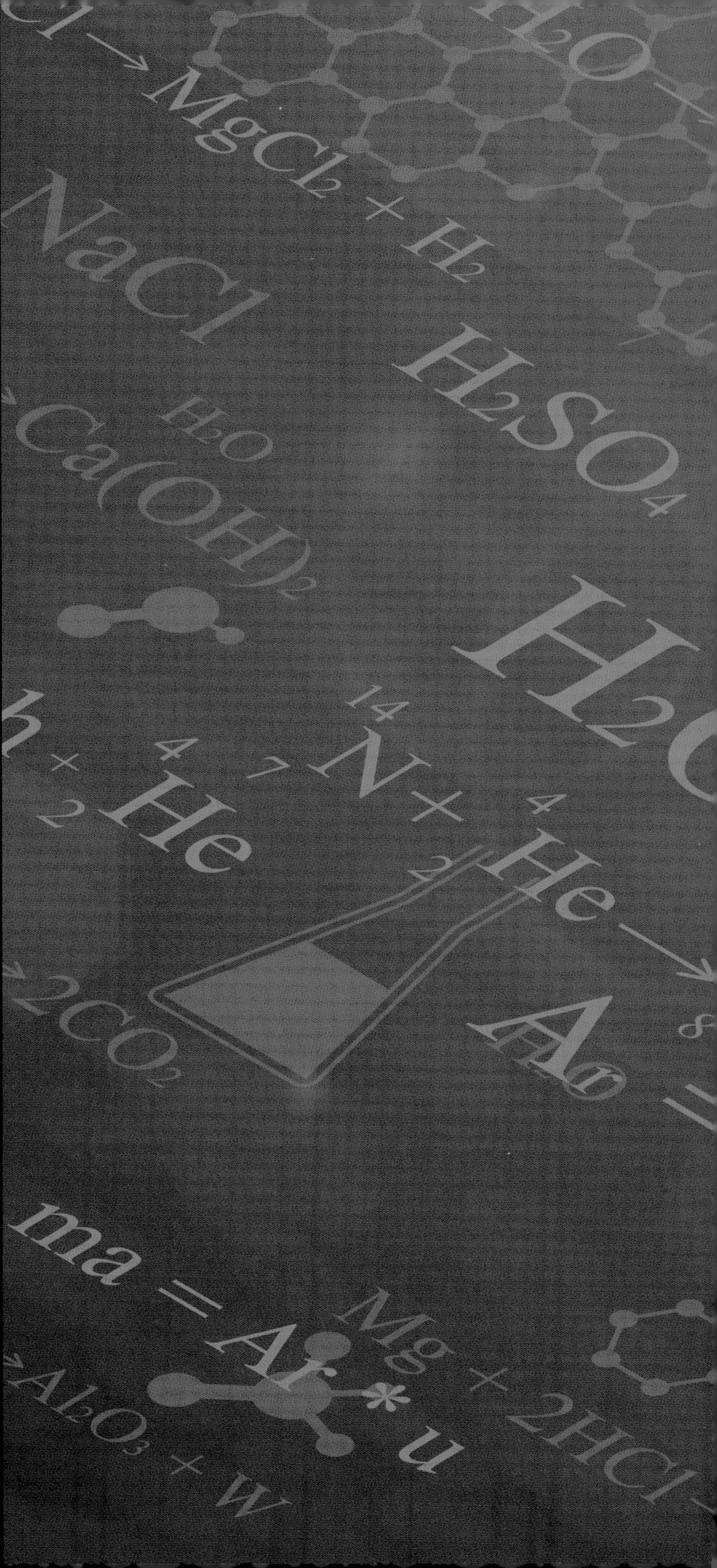

琥珀を科学する

謎のベールを
1枚ずつ剥いだ
科学の進歩

琥珀の形成

琥珀を知る遥か以前から使われていた乳香や没薬と呼ばれる天然樹脂は、アラビアの南西部の山岳地帯や対岸の東アフリカのソマリアの一部に生育する植物の樹液を乾かしたものである。乳香はカンラン科のボスウェリア属の木から採取される樹脂で、芳香性のゴム質の成分を含んでいる為に空気に触れると10日程度で乳白色から橙色の塊となるので、その色に着目して乳香という名前が付けられている。没薬は同じカンラン科のコンミフォラ属の樹木から分泌される樹脂であるが、乳香同様に時間が経ってもやはり琥珀の様には硬くならない。

琥珀は、木から染み出た樹液中の特定の樹脂成分が長年月の間に硬化したものである。木が分泌する樹脂と聞けば、松脂《まつやに》や漆《うるし》、そしてゴムも頭に浮かぶ。中でも松脂は、木から染み出して空気に触れると次第に黄色味を増して硬くなっていくから、このまま時間が経てばやがては琥珀になるのでは？　と思えてしまう。だが琥珀を分泌した木と古くからいわれてきたマツ科の植物の樹脂は、何百年、何千年経っても硬くならず琥珀にはなれないのである。

ところがプリニウスの記述（➡ p.6 参照）から2,000年以上が経過して、彼の祖父達が言っていたスキヌムの姿が正確にわかってきた。

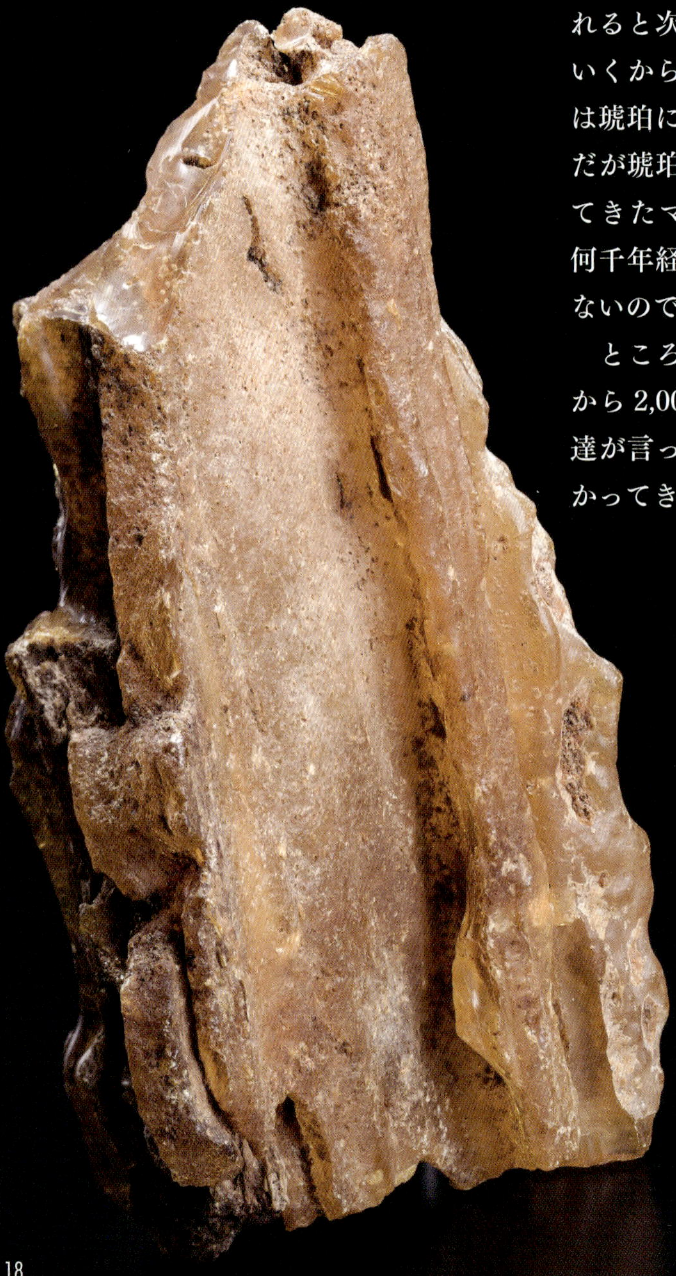

染み出した樹液が、木の肌を伝って垂れ流れた状態を残している標本。写真はコロンビア産のコーパル。

地上に滴り落ちて固まった状態を見せる。写真はコロンビア産のコーパル。

木の汁（樹液）の中にある樹脂が流動性を失って琥珀になるには特別な条件（アンバー化反応という）が必要で、樹液中にある特定の成分を含む樹脂が分解して、残った樹脂成分が長い年月の間に変化して琥珀となるのである。

だが樹脂を分泌する樹木は多種あるが、全ての樹脂が琥珀になるわけではない。樹脂が硬化する為には、木から染み出した樹液の中の樹脂に、ラブダン labdane と呼ばれる構造核があるマクロ分子の「ジテルペン diterpene」を含んでいる事が必要なのである。ジテルペンは炭化水素の一種で、樹脂の主成分でもある。流動性を持つ樹脂が硬化する為には、むずかしい言葉を使うと、ラブダン・ジテルペンが高分子化（重合）する必要がある。

しかしその為には、木から分泌された樹脂が急速に土に埋もれなくてはならない。琥珀になる要素をもっていても、木から染み出したままで空気中に晒されていると、次第に風化してやがては消失し分解してしまうからである。

樹脂が土中に埋もれて空気が遮断されると、次第にそこから乳香やミルラ等の芳香成分や、アルコール、油、コハク酸等の揮発性成分が失われ、最初はブヨブヨだったものが次第に不活性化して、その変化につれて反応が進む。

樹脂の内容により、1万年から 2,000 万年の間に樹脂は次第に固化して俗にコーパルと呼ばれている半硬化状態の化石となる。そのコーパルが琥珀と呼べるより硬い固体となるには、高分子の鎖がさらに結合しなくてはならない。長大な 3,500 万年という年月を経過すると、揮発成分の多くが失われ、テルペンと呼ばれる環状の炭化水素の重合が進んで、分解されない成分のみが残って琥珀へと熟成されるのである。

琥珀に対しての正確な定義というものはないが、仮に定義してみると、4,500万年前後の樹脂が理想的な琥珀という事になるだろう。しかしそれには、時間の経過に加えて、樹脂が堆積した地層の水分、圧力、温度など、化学的な条件が大きく影響している。

ところで、地層中に埋もれた樹脂は、空気との接触が絶たれ、温度が上がるにつれ、次第に黄色味を帯びながら硬化へと進む。それと平行して、その樹脂の分泌時に取り込まれていた空気が多い部分からは細かな泡が出現してくる。その気泡の存在で乳濁状態が進行し半透明から不透明となる部分が生れる。気泡が少ないほど琥珀に特有の黄色味は残るが、多くなるほど琥珀は白っぽくなる。

解説

硬化して琥珀の状態に至るまでの半硬化状態の樹脂化石を、琥珀の世界では『コーパル Copal』と呼んできた。外見は琥珀でも、耐久性などの部分で劣る事から、琥珀とは評価しなかったのである。

コーパルの語源は古メキシコ語のコパリ copalli。呼称発生の時点では、よい香りを出す全ての香料をさしていた。その半硬化物は、乳香などと同様に古代から宗教的な儀式を行う時の薫香として使われてきた。

コーパルは、外観は琥珀に類似するが、一般に琥珀よりも明るめの色調である。

商業規模では、アフリカ、南アメリカ、ニュージーランドに産し、一部は装飾用として使われるが、ほとんどは溶解して、塗料ニスの原料や香料に使用される。コーパルは琥珀とは違い、アルコール、エーテル、テレピン油、亜麻仁《あまに》油《ゆ》に溶解し、加熱すると琥珀よりも容易に軟化して溶ける。

写真上）モンゴル国産のコーパル。右端のものは鍾乳状で、木から垂れたことがわかる。
写真中）マダガスカル島産のコーパル。不純物を多く含んでおり、溶かして塗料の原料にされる。
写真下）ニュージーランドとコロンビア産のコーパル。左下のものは、研磨後まもなく多数のヒビが発生した。

琥珀の成分

琥珀もコーパルも炭素と水素と酸素から構成されていて、[$C_{10}H_{16}O$ ＋ H_2S] という基本組成をもつ炭化水素有機物で、環状炭化水素の重合体である。

琥珀は樹液の中に含まれていた樹脂成分が固まって硬化したものだが、その様になる樹脂には2つのタイプのものが知られている。

1つはテルペノイド系の樹脂。一部の針葉樹や被子植物の樹脂に見られるもので、成分は「コミュン酸（Communic acid)」。この樹脂はバルト海やウクライナの琥珀を形成している。

もう1つはフェノール系の樹脂で、被子植物に見られ、ドミニカ共和国産の琥珀はその代表である。成分は「オズ酸(Ozic acid)」。コロンビア、タンザニア、マダガスカルから産出するコーパルも同じ起源の樹脂である。オズ酸とコミュン酸は、共にラブタン構造核を有する20個の炭素で構成されるジテルペン分子を含んでいて、それが固化の元となっているのである。

さらに琥珀はそれを形成した樹種により大小の量の「コハク酸 succinic acid」を含んでいる。バルト海産の琥珀は3～8%のコハク酸を含むが、琥珀の原石の外膜と呼ばれる部分（外皮の部分）に最も多く含まれている。琥珀は世界の多くの場所で発見されているが、バルト琥珀ほどコハク酸を多く含むものはない。

バルト海沿岸の琥珀は、古代にこの一帯を広範囲に形成した大森林に繁茂した針葉樹から出来たもので、その成分がバルト海産の琥珀の赤外分光の吸収スペクトルに特徴的なパターンを示す。(➡p.73参照・矢印部) 鉱物学では『Succinite《サクシナイト》』と呼ばれているが、その呼称は宝石界でいう「バルチック・アンバー」と同義に使われている。

解説

「コハク酸 succinic acid」はカルボン酸の一種で、琥珀を乾留して得られた油の中から初めて発見され、琥珀をラテン語でsuccinum と呼ぶ事から命名された。
干し椎茸や貝類の旨味成分の1つとしても知られ、アルコール発酵の際にも生成するので、清酒の中にも含まれている。
医療面でも使われ、かつてはリューマチや淋病の治療にも用いられた。
コハク酸は多くの植物の中にも見出される。しかしその含有量はバルト琥珀の数千分の1と少なく、もっぱら琥珀を原料としてコハク酸の抽出が行われている。
乾式蒸留により琥珀から抽出される油分（通称琥珀オイル）やコハク酸は、効果の高い普遍的な薬としても使われ、食品添加物としても使われている。

琥珀を形成した樹種

樹脂がアンバーに変化する事を「琥珀化」と呼ぶが、かつて琥珀を形成した樹木の多くは現在絶滅してしまっている。それでも研究の結果、現在、琥珀を形成した樹木のいくつかは正確にその樹種が判明している。

中には“生きた化石”としてその子孫が残っている樹種もある。[アラウカリア Araucaria] という針葉樹のナンヨウスギ科の植物と、[ヒメナエア Hymenaea] という広葉樹のマメ科の植物がそれで、知られている琥珀のいくつかは過去に繁茂したその先祖達が今に残したものである。

以下に、樹種が判明している琥珀と、一部にコーパルの名前を上げた。最近では研究が進み、この他にも様々な起源樹種が報告されている。その1つに [モミジバフウ Liquidambar《リクイダンバー》 styraciflua《ステラシフルア》] というマンサク科の落葉高木があり、ミャンマーの琥珀を形成したものである。

現存する樹種 “生きた化石”

□ アラウカリアの琥珀

バルト海沿岸、岩手県久慈、中国撫順、北海道の琥珀はアラウカリアの樹脂で、さらに詳細にわかっているものがある。撫順産は「アケボノスギ Metasequoia glyptostroboides (メタセコイアグリプトストロボイダス)」、北海道産は「メタセコイア」である。

□ ヒメナエアの琥珀

ドミニカ共和国とメキシコの琥珀、コロンビアのコーパルはヒメナエアの樹脂で、ドミニカ共和国産は「Hymenaea courbaril (ヒメナエアコウルバリル)」、メキシコ産は「Hymenaea protera (ヒメナエアプロテラ)」である。

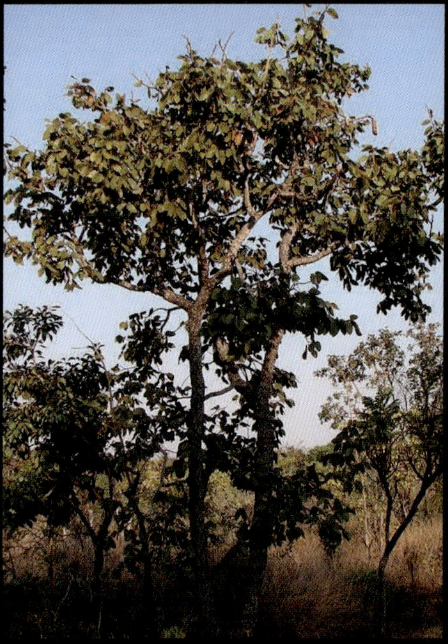

琥珀の物性

乳香も没薬も固化しているとはいえ、人の力程度でも強い力で押すと潰れてしまう。コーパルはそれらよりも硬化しているが、それでさえも物理的に破壊がたやすく起こり、化学的作用によって容易に変質してしまう。コーパルが脆弱なのは、琥珀に比べるとまだ分子同士の結合が弱く、揮発性の成分がかなり残留している事が原因となっている。

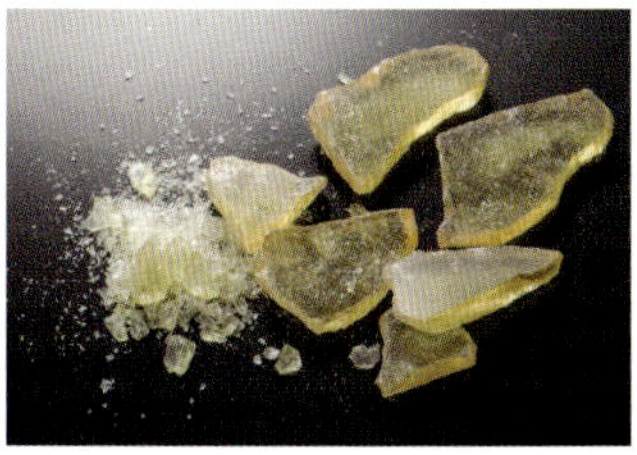

悠久の歴史の中で乳香や没薬を見出し使ってきた人々は、それよりも硬いコーパルに出会った時、当然それを宝飾品としても使っただろう。しかし琥珀という究極のものに出遭ってしまった時、コーパルを宝飾品としては使わなくなったのである。もっともその製品は遺物として今に保存されていない。

現在の琥珀の価値は、その強固さと美しさの順位の中で確立されてきたもので、過去の人々は同じ様に見える物質から、個々の物性の違いによって完全な樹脂化石のみを選んできた。しかし過去の歴史の中で知られていた産地以外の琥珀がマーケットに参入してきている現代では、その成分が一定ではなく、揮発性成分が多く残留しているものもあり、そのようなものでは分子同士の結合が強固になっているはずの琥珀でも、光沢が失せたり曇ったりするものがある。

天然の樹脂である琥珀は、産地に係わらず物性に不安定の要素があり、典型の琥珀であっても、加熱すると150℃くらいで軟化し始めて、200℃を超えると成分の分解が起こり、250～300℃になると溶解してしまう。

琥珀は分解する事により「琥珀オイル oil of amber」と呼ばれるものが分離し、さらに加熱を続けると「コハクヤニ amber pitch」と呼ばれるものが残る。それでも加熱を続けると、発火して燃えてしまう。ドイツ語で琥珀の事を「bernstein《バーンシュタイン》（燃える石）」と呼ぶが、それはこの宝石が燃えるという不思議さに対して付けられた名前なのである。

琥珀を加熱すると、温度の上昇につれて琥珀オイルと呼ばれるものが分離し、ヤニと黒色の酸化物が形成される。その組み合わせが加熱の温度に伴う段階の色被膜層となり、琥珀に個性的な色合いが生れる。さらに温度が上がると形成層が発火する。

琥珀の色の原因

琥珀の様な有機質の宝石の場合には、その分子を構成している原子に伴っている電子が色の原因を作っている。分子中の電子がばらついて存在している為に、電子が存在している各軌道間でエネルギーの移り変わり(遷移《せんい》という)が生じて、その際のエネルギーの差が可視光線を吸収して色となって人の目に知覚されるのである。

琥珀には大きく、黄色・橙色・褐色・赤色・白色があるが、黄色から橙色は、遷移のエネルギーの差が原因で、差の大きさの違いが黄色の明度の差を生み出している。写真1

赤色は、分子の酸化状態が強い為に生じ、白色は、琥珀中に集中して存在している微細な気泡によって散乱される光が作りだす色である。琥珀中にその散乱体が多くなると、それが存在する量の違いによって半透明から不透明の黄色や橙色の琥珀が形成される。写真2

琥珀にはその他、青色・緑色・黒色のものがあるが、産出はかなり稀である。

黒色は、主に土壌や植物起源の夾雑物《きょうざつぶつ》の存在によるものである。写真3

また琥珀は紫外線に反応して発光する性質があるが、琥珀を構成する樹脂の成分の違いによってその現象には違いがある。青色をした琥珀は、紫外線による発光（蛍光色）が大きく影響していて、主に表層部からの発光によるもので、その

写真２：中国ではこの外観から「蜜蝋琥珀（みつろうこはく）」の愛称をもつ。表面に見える模様は、樹液が流動した痕跡で、不透明なこの石の色は含まれている気泡群の為。このタイプの琥珀は、10年単位の時間経過で透明感が出てトローッとした美しさが現れてくる。

写真１：左から、白色不透明、黄色不透明、橙色／黄色半透明〜不透明、橙色不透明、黄色／白色透明〜半透明、黄色透明、赤色透明の琥珀。琥珀の研磨は、原石から主要な部位を残す様にしてカットされる。特に赤い琥珀は原石の中の厚い赤色の層を磨り減らさない様に工夫して仕上げられる。左端の白い琥珀は、海外では「ロイヤル・アンバー」と呼ばれている。

琥珀の地色と関係して濃淡の差が見られる。ところが、それらの中には含まれている揮発性成分の散失と共に、その色が次第にうすくなってしまうものがある。このようなタイプの琥珀を通常の琥珀と同じ様に加熱処理すると青色が消えてしまう。その事実から樹脂を構成する特定の成分が青色の原因であることは確かだが、まだまだ不明な点も多い。

緑色を呈する琥珀がかなり稀に産出される。青色の琥珀同様に紫外線に反応して発光しているもので、肉眼でやっと感じられる程度のものである。これは最近マーケットに多く流通している処理石の明瞭なグリーン（➡ p.65 参照）とは、根本的に色の原因が異なるものである。

写真３：植物の腐敗物や炭化物を含んでいる琥珀。樹液（樹脂）が固まった場所の土片を部分的に含んで黒っぽく濁っている。ドミニカ共和国産。

琥珀の経時変化

琥珀は年月を経過するにつれてその色が次第に変化するという特殊性をもつ。これは琥珀が有機質から成っている為で、その程度は産地によって大きな偏りがある。

琥珀を鑑別に持ち込む人の中には“しまっておいただけなのに、しばらくぶりに取り出してみたら、前とは色が違った感じがするのですが？”という方がいる。

琥珀の色は、一般的には数年〜数十年の時間を経てゆっくりと変化していくという性質がある。透明な黄色い琥珀の色は長い間にその色が深くなっていく傾向があるが、透明度の低い琥珀の中には、反対に透明感が生じてくるものもある。

しかし多くある琥珀の中には、逆に色褪せたり、次第にその光沢が失せて表面に無数のヒビが発生し、粉を吹いた様な状態になるものもある。そして先述した様に、青色の琥珀の中にはその色が淡くなったり濁ってしまうものもある。これらの特性は有機物である琥珀の樹脂成分が見せる宿命的な特質でもあって、故に琥珀は生きている宝石とも言えるのである。

しかしこの変化には個体差があり、まったく変化を見せない琥珀も多くある。

部分的に白濁したり、不透明になる個体もある。

第Ⅲ項

琥珀の産地と形成の年代

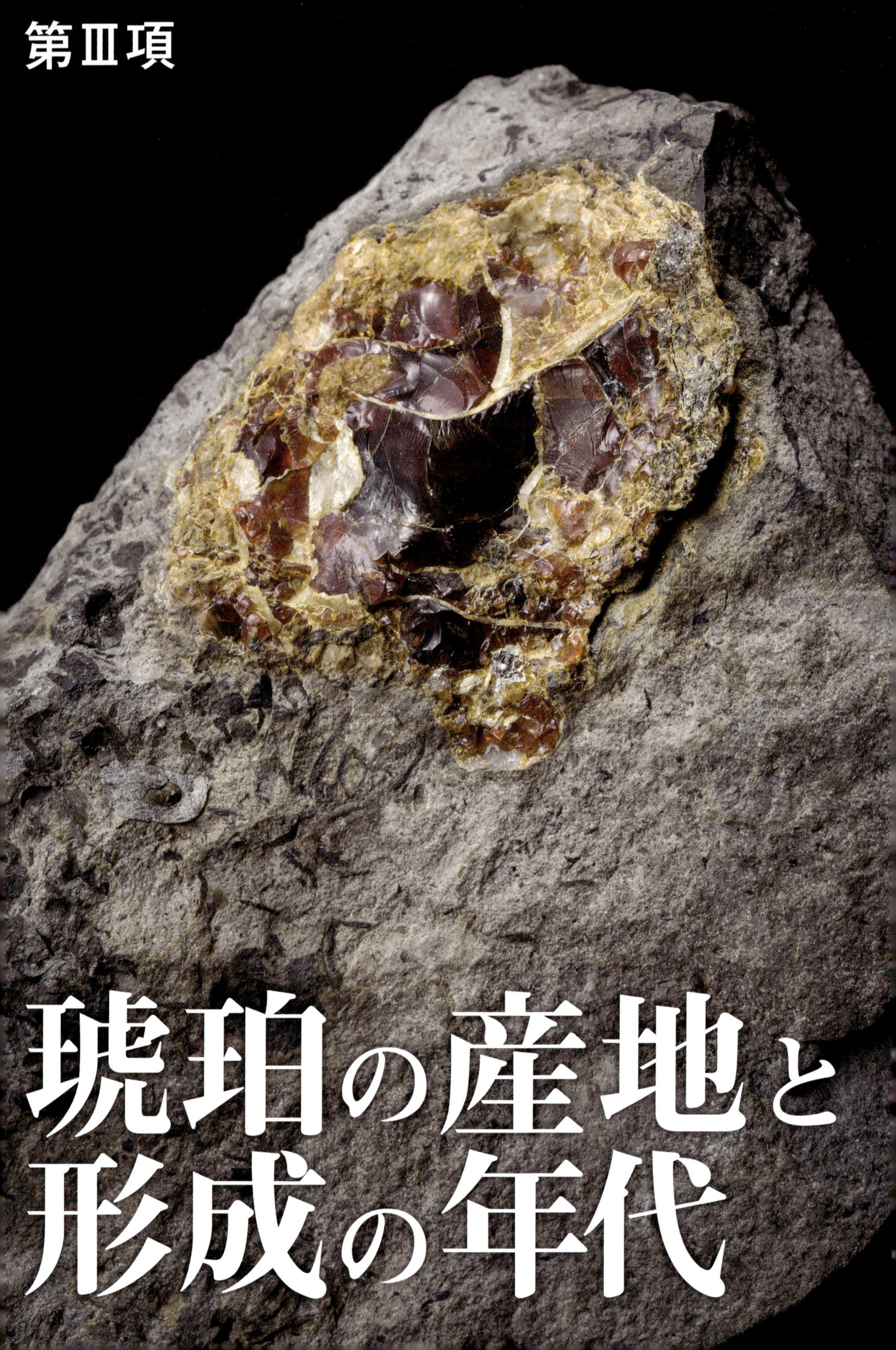

琥珀の形成年代

今から5億年前（古生代カンブリア紀）から4.5億年前（古生代オルドビス紀）になると、地球には初めての地上植物が現れる。それらは4.2億年前（古生代シルル紀後期）になると急速に多様化し、3.5億年前（古生代デボン紀中期）までには、現生の植物の形を持った大部分のものが現れる。そしてデボン紀の後期になると種子植物が現れて、地球上に巨木の森を形成する。

一方で、動物界では昆虫は4.35億年前（古生代シルル紀）に出現する。両生類が海から陸に上がったのが3.6億年前であるから、昆虫の出現はそれよりも古い事になる。

昆虫は陸の上で最も繁栄した生物で、3億年から2億年前（中生代三畳紀）にはトンボやゴキブリの祖先が大繁栄する。その頃植物界では顕花植物（花を咲かせる植物）が出現し、1.5億年前（中生代ジュラ紀から白亜紀にかけて）には様々な花を咲かせた。その時代は恐竜が勢力を広げた時で、顕花植物は白亜紀から新生代の第三紀（500万年前）の間を通じて大きく進化した。

昆虫類は恐竜が絶滅した後も繁栄し、第四紀（現代）にかけてもっとも繁栄している。

琥珀が産出する場所は世界中で数百ケ所が確認されているが、現在知られている最古のものはアラスカとカナダ、アメリカのアーカンソー州から発見されたもので、3.65億年前（古生代デボン紀中期）のものである。イギリスのワイト島からは、約3.2億年前（古生代石炭紀後期）の琥珀が発見されている。

琥珀の中に昆虫の化石が含まれる様になるのは顕花植物が出現してからの事であるが、現在知られる世界最古の虫入り琥珀がレバノン（中生代白亜紀前期 約1億2,500万年前）から発見されている。次いで古い虫入り琥珀は、日本の千葉県銚子（白亜紀前期 約1億1,000万年前）から発見されている。

当然植物も昆虫も、それらが登場して繁栄した時代に形成された琥珀の中に封印されていて、琥珀に更なる希少性を与えている。

琥珀の産出状態

琥珀やコーパルが形成される場所は、本来はその樹脂を分泌した樹木が埋もれた場所である。しかし中には、初生の場所から離れたところで発見されるものもある。

琥珀の産出状態は大きく2つのタイプに分けられる。地層の中から見つかるもの（ピット・アンバー）と、海岸に流れ着いて見つかるもの（シー・アンバー）である。

ピット・アンバー Pit amber

ピットとは立坑《たてこう》の事。坑道を掘って採掘する琥珀をいい、多くは現地性（本来琥珀が形成された場所の事）のものである。“大地を掘る”という意味で、アース・アンバー(Earth amber)、アース・ストーンという別名もある。

地層に埋もれた樹木に付着したままで琥珀になっているもの写真1もあり、石炭層の中から発見されるもの写真2もある。写真の石炭種は「亜炭《あたん》 Lignite《リグニット》」。福島県いわき市産（約8,500万年前）。写真3の琥珀は表面に木肌の模様が見え（写真中➡部分参照）、木から流れた状態がわかる。

琥珀を含んでいる地層が化学的な風化や物理的な刺激を受けて崩壊すると、含まれていた琥珀はそこから露出して空気と日光に晒される事になり、急速に風化して赤褐色のボロボロの状態にまで崩壊する。写真4

写真1

写真2

写真3

写真4

シー・アンバー Sea amber

琥珀を含む地層が崩壊して水に流されると、中には海にまで流れるものもある。

琥珀は比重が軽い為に、海流に乗るとかなり離れた場所にまで運ばれる事があり、流れ着いてその地の海岸に打ち上げられて発見されるところからシーアンバーと呼ばれれる。さらに漂着後長い年月を経過する為に、2次的にその地の地層中に埋もれて採掘されるものも多い。

硬質の被殻で覆われている。シー・アンバーは透明度の低いものが多い。透明度の低い部分は無数の気泡を含んでいる為に、衝撃に対してクッションの働きをする。透明な柔らかい部分が漂流中の衝撃で磨り減り、硬い部分だけが残った。手前中央の琥珀は数少ない透明度の高いもの。

解説

シー・アンバーもピット・アンバーも、本来はバルト海沿岸諸国産の琥珀の産状に対して生れた呼称であるが、広義的には他国の琥珀の産状に対しても使われている。

南米のドミニカや日本の久慈の琥珀は典型的なピット・アンバーであり、対して古来から有名なバルト海の沿岸地域で発見される琥珀は典型的なシー・アンバーである。

ロシアの地層から流れ出した琥珀は、海流に乗ってポーランド、ドイツ、デンマーク、リトアニアにまで流されて海岸に打ち上げられた。最初に人の目に触れたのはこの琥珀で、『ドリフト・アンバー Drift amber（漂流琥珀）』とも呼ばれるが、流されている間に気泡の密集部分がクッション状態となって、流されている過程で受けるあらゆる衝撃から物理的に守られて、気泡の少ない部分は次第に削られて消滅していく。したがってバルト海の琥珀の多くが特徴的に半透明から不透明であり、気泡がなく透明で黄金色に見える琥珀はかなり貴重なものであった。商人達がヨーロッパまで運び込んだ琥珀はこのシー・アンバーであり、ニシアスが見たであろう透明な琥珀は高価に取引されている。しかし現代では琥珀の需要の大きさから、海岸に打ち上げられている琥珀だけを採取しているのではなく、長い年月に海岸の地層に埋もれた琥珀を掘り出している。その様な場所の琥珀はピット・アンバーとして区分される。

人魚の涙説が生れた様に、バルトの琥珀は海に育まれたものとして知られてきたが、18世紀の後半頃になると琥珀は陸でも採れることがわかってくる。

琥珀の採掘

古代から今日まで、琥珀の最大の産地はロシアのカリーニングラード州を中心とするバルト海沿岸の地域である。沿岸に分布している地層には、バルト海を流されてはるばるそこの地にたどり着いたシー・アンバーが膨大な量で埋もれているといわれる。

ロシアのカリーニングラードの地下には、およそ5,000万年前から3,500万年前にかけて形成された地層の中に［ブルー・アース Blue earth］と呼ばれる“酸欠状態の粘土層”が厚く分布している。

そこに埋もれた琥珀はその中でじっくりと熟成され、樹脂が硬化する過程で含まれていた空気が無数の気泡となって発生し、さらに濁りを増す。ドミニカなどの琥珀と比べると特徴的に濁ったものが多いのは、それが原因である。

海が荒れると、海底の地層が削られてその中から再び琥珀が洗い出される。太陽の石説や人魚の涙説は、その様な現状を見て生まれた発想なのである。

琥珀の比重は1.05～1.10程度で、海水の比重（1.01～1.03位）とは同程度である事から海面に浮かび上がる。洗い出された琥珀は、海流の向きによってはかなりの遠隔地にまで流されて、中にはイギリスの東海岸にまで到達したものもある。

途中の海岸に沿った海底の層には、膨大な量の琥珀が埋もれていると考えられている。それらの地では、かつては漂着琥珀や海岸の砂地に埋もれたものを採取していた。1860年頃から、当時の東プロイセンでは海岸の地層を深く掘り下げて多くの琥珀を回収し始めた。現在では海岸の地層を15 mから20 mも掘り下げた

上写真）ドミニカ共和国産の琥珀原石と、それを含んでいた地層の一部。石灰質の泥岩で、巻貝の化石が見えている。

右写真）岩手県の久慈での琥珀の産出状態。硫化物を多く含む炭素質の黒色頁岩（こくしょくけつがん）中の【玉川層・たまがわそう】のもの。ここからは、カマキリの化石を含んだものとしては、日本最古となる琥珀が見つかった。

採掘作業で顔を出した琥珀塊の一部。見えている部分の左右はおよそ10cm。掘っているのは浦河世久慈層郡の国丹層（くにたんそう）。同一の場所から、モササウルス（海トカゲ類）やリヌパルス（ハコエビの仲間）などの示準化石が見つかっている。同地の琥珀の中からは、世界最古の鳥類の羽や、特殊な昆虫類の化石が発見されている。

り、沖合いの海底層を大規模にさらって琥珀を回収している。ロシアだけでも現在年間数百トンの回収量がある。

ドミニカ、メキシコ、日本の久慈に代表される琥珀は、樹脂を分泌した木が倒壊した場所の地層に埋もれて形成されたもので、ピット・アンバーに分類されるが、バルチックの琥珀ほどには大きな距離を移動していない。そこで、それらを「現地性の琥珀 Field《フィールド》 amber《アンバー》」と呼ぶ事もある。

ドミニカ、メキシコ、そしてミャンマーや日本の久慈では、現地性の琥珀を掘りだしている。琥珀が埋没している層まで地表から掘り下げる露天掘りや、埋蔵層を側面から掘り進む坑道掘りという方法で採掘を行っている。

上写真）琥珀採掘坑道口の遠景。国丹層まで円錐状に掘り下げて、琥珀の含有脈に沿って坑道掘りしている。
下写真）琥珀が発見されると、タガネを使って頁岩を割り、丁寧に回収する。（共に久慈琥珀採掘場）

世界の琥珀の産地と形成の年代

今日琥珀の産地は、世界中で多くの場所が発見されている。ここでは琥珀の産地を地図上でひろってある。

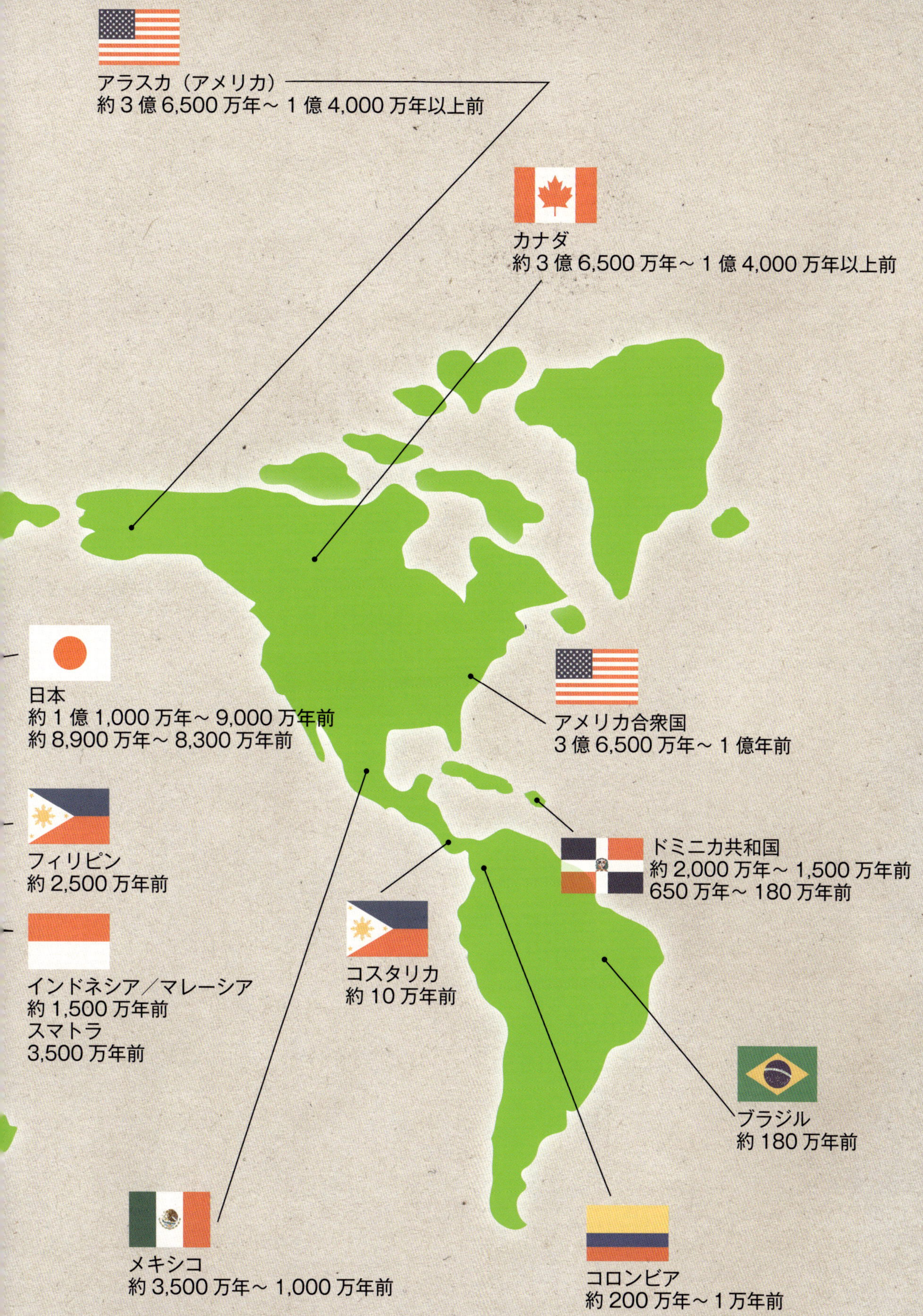
アラスカ（アメリカ）
約3億6,500万年～1億4,000万年以上前
カナダ
約3億6,500万年～1億4,000万年以上前
日本
約1億1,000万年～9,000万年前
約8,900万年～8,300万年前
アメリカ合衆国
3億6,500万年～1億年前
フィリピン
約2,500万年前
ドミニカ共和国
約2,000万年～1,500万年前
650万年～180万年前
インドネシア／マレーシア
約1,500万年前
スマトラ
3,500万年前
コスタリカ
約10万年前
ブラジル
約180万年前
メキシコ
約3,500万年～1,000万年前
コロンビア
約200万年～1万年前

ヨーロッパ地域の琥珀

▶イギリス
イギリスのワイト島から3.2億年前（古生代石炭紀後期）の琥珀が発見されている。ノーサンバーランドからは、約3億年前の琥珀が発見されている。
南部のサセックス州のヘイスティングから、約1億4,000万年前（中生代 白亜紀前期）の琥珀が発見されている。
この地には、バルト海を漂流してきて地層に堆積した琥珀も発見されている。

▶シベリア（ロシア）
ロシア北部のエニセイ川流域からカムチャッカ半島にかけての広大な地域から、約1億年前～9,500万年前（中生代 白亜紀中期～前期）の琥珀が産出する。サハリン州のスタロドゥプスコエは、琥珀が採れる海岸があることで有名な場所。
かつて宮沢賢治はこの地を訪れて『銀河鉄道の夜』のモチーフを創作したといわれている。

▶アゼルバイジャン
約1億年前～8,000万年前（中生代 白亜紀前期～中期）の琥珀が産出する。

▶オーストリア／フランスのパリ盆地からアキテーヌ地方の海岸にかけての一帯／レバノン／ヨルダン／イスラエル
約1億年前後（中生代 白亜紀中期）の琥珀を産出する。

▶ドイツ
約6,500万年前（中生代 白亜紀末～新生代古第三紀 暁新世前期）のビッターフェルトの地層から産出される。

▶ルーマニア
約6,500万年前（中生代 白亜紀末～新生代古第三紀 暁新世前期）の地層から産出される琥珀。ブザウから産出され、産地名から『ルーマナイト Roumanite』とも呼ばれているが、コハク酸が少なく、硫化水素が多い。ルーマニアはかつて琥珀の道が通った産地の1つ。採掘の目的でローマ帝国の植民地とされた悲劇の場所である。

▶バルト海沿岸地域
ロシアからヨーロッパにかけてのバルト海沿岸（ロシア、ポーランド、旧東ドイツ、リトアニア、ノルウェー、デンマーク）諸国の、約5,500万年前～3,500万年前（新生代古第三紀 始新世前期～漸新世前期）の地層から採取される琥珀。
この一帯は古代からよく知られていた漂着琥珀の産地で、最上質の琥珀を大量に産出する事で有名。

▶ウクライナ
約3,000万年前（新生代 古第三紀 漸新世中期）

▶イタリア
約2,500万年前～2,000万年前（新生代古第三期 漸新世後期～新第三期 中新世前期）
シチリア島のエトナ山から産出されるもので、『シメタイト Simetite』とも呼ばれている。シチリア島の北東部には約2億3,000万年前（中生代 三畳紀）の地層があり、微小な蚊やダニの化石が入った琥珀が発見されている。

アジア地域の琥珀

▶ミャンマー（旧ビルマ）
約1億1,000万年前～8,000万年前（中生代 白亜紀中期）
現地では琥珀のことを『アンベン Ambemg』と呼んでいるが、宝石界では『バーマイト Burmite』という名前で呼ぶ。バルト海の琥珀（サクシナイト）よりも硬く、赤味がかったものが多く見られる。カチン州のミッチーナ（Myitkyina）は、古くからレッド・アンバーの産地として知られていて、漢時代の中国に持ち込まれ多くの工芸品が作られた。

▶中華人民共和国
約5,500万年前～2,600万年前（新生代古第三期暁新世後期～漸新世中期）
遼寧省の撫順や福建省の福州の炭鉱から石炭に混じって産出され、新種の昆虫化石を多く含むものが見出されている。
約1億5,000万年前～1億4,000万年前（中生代 ジュラ紀後期～白亜紀前期）のものもある。

▶フィリピン
約 2,500 万年前（新生代 古第三紀 漸新世中期）のものだが、採掘場所によっては 500 万年前（新生代 新第三紀 中新世後期）のコーパルが混じって報告されている。

▶インドネシア
サラワクやボルネオは今後に期待される場所。約 1,500 万年前（新生代 新第三期 中新世中期）のもので、中にはコーパルの状態のものもある。

アメリカ大陸の琥珀

▶アラスカ（アメリカ）
クク川沿いに分布する約 1 億 4,000 万年前（中生代 白亜紀前期）の琥珀が発見されているが、3 億 6,500 万年以上前（古生代 デボン紀中期）の最も古い琥珀も見つかっている。

▶カナダ
アルバータ州のメデシンハやマニトバ州のシダー湖の 1 億 4,000 万年前（中生代 白亜紀前期）の地層から琥珀が発見されているが、ここからも 3 億 6,500 万年以上前（古生代 デボン紀中期）の古い琥珀が見つかっている。

▶アメリカ合衆国
ニュージャージー州からは、1 億年以上昔（中生代 白亜紀）の古い琥珀が発見され、もっとも古い蟻の化石を含んでいる。アーカンソー州からは、3 億 6,500 万年以上前（古生代デボン紀中期）の古い琥珀も見つかっている。

中央アメリカの琥珀

▶メキシコ
チアパス州サン・クリストバル地方の約 3,500 万年前～ 1,000 万年前（新生代 古第三紀漸新世前期～新第三紀 中新世中期）の地層から発見され、多くの昆虫化石を含む事で知られている。ドミニカでの琥珀の発見でメキシコの琥珀の存在はその陰に隠れた格好になってしまったが、レッド・アンバーを多く産出する事でも古くから知られていた。
約 1 億 5,000 万年前～ 1 億年前（中生代 ジュラ紀後期～白亜紀中期）の地層から集中して産出する事から、かつては中央アメリカの特異な琥珀として知られていた。

▶ドミニカ共和国
虫入り琥珀とブルー・アンバーを産出する事で有名になった産地。1 つの国から大量に産出する事や、潜在的に大量の埋蔵量を有する産地は現時点ではここしか知られていない。
バルト海のアンバーとは大きく違って透明なものが多く産出されるが、多くの夾雑物（余計な内包物）を含む事も特徴である。
約 2,000 万年前～ 1,500 万年前（新生代 新第三紀 中新世前期～中新世中期）より新しい約 650 万年前～ 180 万年前（新生代 新第三紀 中新世後期～第四紀 更新世前期）という年代のものも存在する。

▶コスタリカ
約 10 万年前（新生代 第四紀更新世）のコーパルが産出する。

南アメリカの琥珀

▶コロンビア
約 200 万年前～約 1 万年前（新生代 新第三紀 鮮新世後期～第四紀 更新世後期）のサンタンデルの地層から、かなりの大塊で産出される。多くの昆虫類を含み、1980 年代の日本では虫入り琥珀の名前でかなりの量が流通した。

▶ブラジル
ブラジルの北部からは、約 180 万年前（第四紀）のコーパルが発見される。プレ・コロンビア時代の原住民は、それを“copalli”と呼んでいた。

商業上で特筆すべき産地

現在のマーケットには世界中から集められた琥珀やコーパルが流通している。
2015年の時点で判明している産地場所は数百以上にのぼる。

ロシア連邦、ラトビア共和国、リトアニア共和国、エストニア共和国、ポーランド共和国
ドイツ連邦共和国、デンマーク王国、ノルウェー王国、イタリア共和国、ミャンマー連邦
イギリス、ドミニカ共和国、中華人民共和国、メキシコ合衆国

◉商業上で重要な産地

良質の琥珀が数多く発見されている場所で、現在マーケットに十分な量の琥珀を供給できる場所は、下に挙げた2ヶ所である。

▶バルト海沿岸地域

ロシアからヨーロッパにかけてのバルト海沿岸で採取される異地性の琥珀である。
ロシアで採掘されている琥珀の中で、宝飾用に使えるのは3割程度といわれている。多くは薬品や工業用に使われ、コハク酸などを抽出している。

▶ドミニカ共和国

琥珀は、ラリマー（ブルー・ペクトライト）とコンク・パールに代表される“カリブ海の3大宝石”の1つで、現地性の琥珀として知られている。
カリブ海の琥珀で、（2015年時点で）1つの国から大量に産出される琥珀の代表で、潜在的に大量の埋蔵量がある。
これまでにない多くの昆虫や植物の化石を豊富に含有することで知られ、特に虫入り琥珀は大量に産出され、マーケットでの虫入り琥珀の価格が下がった。反対にバルト海産の虫入り琥珀の価格が高騰した。
虫入りの他、小動物や鉱物、水入りのものもある。カラーのバリエーションも豊富。ほとんどが1,000万年前の新第三紀のものだが、それよりも新しい年代のものもある。数%以下であるが、より古いジュラ紀の琥珀も存在する。

コーパルの種類と産地

後述するカウリ松（学名 Agathis australis）は、ナンヨウスギ科ナギモドキ属の常緑高木の針葉樹で、英名を「カウリパイン Kauri pine」と呼び、その子孫が現在でもニュージーランドに生息していて樹液を流し続けている。かつてその先祖達が形成したコーパルは『カウリ・ガム』とか『カウリ・コーパル Kauri copal』と呼ばれてニュージーランドやオーストラリアから発見されている。

しかしそれ以外の樹種から形成されたと考えられるコーパルもあり、複数の樹種を起源にもつコーパルが世界中で発見されている。それらの中には特別な名称で呼ばれているコーパルもあるので、下に代表的な産地のものをその宝石名と共に上げてある。

▶カウリ・コーパル Kauri copal
カウリ・ガム Kauri gum とも呼ばれ、ニュージーランド、オーストラリアのものが有名。

▶ゲダナイト Gedanite
北ドイツ ゲダナム産のコーパルをいう。メロー・アンバーとかブリットル・アンバーとも呼ばれるが、完全な誤称である。コハク酸はほとんど含まれていない。

▶コパライト Copalite
イギリス ロンドン産のコーパルをいう。コパライン Copaline ともいい、アルコールには難溶の為、琥珀と勘違いしやすく注意が必要。

▶コンゴガム Congo gum
中央アフリカから南アフリカにかけて発見されるコーパルをいう。

▶チェマウィナイト Chemawinite
カナダ カチュワン川河口 ケダー湖産のコーパルをいう。

▶マニラガム Manila gum
フィリピン産のコーパルをいう。

※現在、コロンビア、タンザニア、マダガスカルからは、コーパルが多く発見されている。これらのものは熱帯林に起源することから虫入りのものが多く、意図的に虫入り琥珀と呼ばれていることもあるので注意を要する。

《眠っていた産地から》

一見、木そのものが琥珀化したかの様に見える。しかし木の全体がコーパルや琥珀に変わることはありえず、木から流れた樹脂が重なって樹幹の様に見えているもの。標本はコーパルで、形成時の形状を保存しているところから、現地性のものか。採取地不明。

右の写真の２点は日本における産出であるが、琥珀関係の書物や記事の中に記載されていない場所からの発見である。

左は沖縄県の宮古列島の多良間《たらま》島の海岸に打ち上げられて発見されたもの。右は石川県金市の医王山《いおうぜん》の裾を流れる犀川《さいがわ》で発見されたもので、水石《すいせき》の探石に際して時々見つかるという。双方共に、丸まった形状から、形成された場所から移動して流されていることがわかる。共にコーパルだが、この様な場所は各地にまだあるはずで、読者の中で新しい産出をご存知の方は、今後の研究の一助となるので、ぜひ当研究所までご一報いただきたいと思います。

日本の琥珀の産地と形成の年代

ここでは日本の琥珀の産地を
地図上でひろってある。

▶北海道三笠市

約 3,000 万年前（新生代 古第三紀 漸新世後期）

▶東京都八王子市

約 2,000 万年前（新生代 第三紀）
砂泥層中より産する。

▶兵庫県神戸市

約3,000年前（新生代 古第三紀）
炭素黄の砂泥岩中より産する。

▶岩手県久慈市

約 8,900 万年前～ 8,300 万年前
（中生代 白亜紀後期）
浦河世久慈層群下部の国丹層（約
8,700 万年前）と上部の玉川層
（約 8,500 年前）から産し、かつ
ては『薫陸（くんろく）』とも呼
んだ。透明度の高い黄色や、半透
明の飴色、乳白色や縞目模様を産
する。良質の琥珀を産するが、世
界的に見ると産出量は少ない。久
慈市の調査によると琥珀埋蔵量は
5 万トンと見積もられている。同
じ場所からモササウルス（海トカ
ゲ類）やリヌパルス（ハコエビの
仲間）などの化石が見つかってお
り、野田村からはバッタなど原直
翅目の仲間の羽の化石が入った琥
珀が発見されている。

▶山口県宇部市

約 4,000 万年前
（新生代 古第三紀 宇部層群）
赤色の強いものが多い。砂
泥岩中より産する。

▶福島県いわき市

約 8,500 万年前（中生代白亜紀後期）
双葉層群玉山層より産出。かつて常磐
炭鉱があった。石炭と共に、琥珀が
副産物として出る。琥珀の年代は久慈
とほぼ同世代。虫入り琥珀も産出し、
1985 年 6 月に、福島県のいわき市
で地元の化石マニアによって蜂の化
石が入った琥珀が発見されている。

▶岐阜県瑞浪市

約 10 万年前（新生代 第四紀 更新世後期）
国内最大の虫入りコーパルの産地として
知られる。

▶千葉県銚子市

約 1 億 1,000 万年前～ 9,000 万年前（中生代 白亜紀前期）
宮古世より産出。日本最古の琥珀を産する地域であるが、
絶対産出量が少ない。

久慈の琥珀

世界的に注視しておくべき産地に、日本の久慈がある。国内最古のカマキリ入りの琥珀が見つかった事でも知られ、虫入り琥珀としては学術的に貴重な種類を多産する。産出地に、鉱山と琥珀の加工場と博物館を備えているという点では世界に類を見ない。

琥珀採掘坑道の入り口

琥珀博物館の展示室

琥珀の加工場と風景

column.3

今後に期待できる産地

メキシコとミャンマーはここに来て脚光を浴びてきたが、1980 年代に、ドイツのディーター・シュレー博士によって、インドネシアを中心とする地域の琥珀の存在が予言されていた。2015 年時点での埋蔵量は未だ不明だが、今後はバルト海沿岸とドミニカに続く琥珀の産出量が期待できる事が現実味を帯びてきており、それを裏付けるかのように、本書を執筆中の 2014 年、新しいサンプルが入ってきた。
右の写真はインドネシアのスマトラ島産との事で、いわゆる南シナ海の琥珀である。
サンプルを当所で分析した結果、スマトラ島の琥珀は確かにブルー・アンバーで、これまで知られていたものとは明らかに違っていた。かつてスマトラ島産といわれて入手していたものは、じつはマレーシアのサラワクのもので、濁った灰黄色のもの。これまで明確にブルーに見えるものは知られていなかった。質感からくるイメージでは、メキシコの琥珀にもっとも似ており、分析から推測した形成年代は 3,500 万年以上前か。また現時点では正確には言えないが、より古い年代のものもある様だ。南シナ海の琥珀は、その辺一帯から出ていて、産地の名前が混同されている感がなくもない。正確な産地と石種の分析は今後詳細に行わなくてはならない。

左の写真はエチオピア産との事。エチオピア産の琥珀は、2002 年にはすでにアジスアベバのマーケットに並べられていたとの事。アフリカで最初に発見された採取場からのものらしいが、その明確な産地名は知らされなかった。正確な形成年代は不明であるが、分析値から推測して 1,500 万年前辺りか。これまでのどの樹種の性質とも一致しないが、得られたデータで近いものはドミニカ共和国産のもの。

第Ⅳ項

琥珀の美の秘密

色・構造・包有物の違いで知る琥珀の魅力

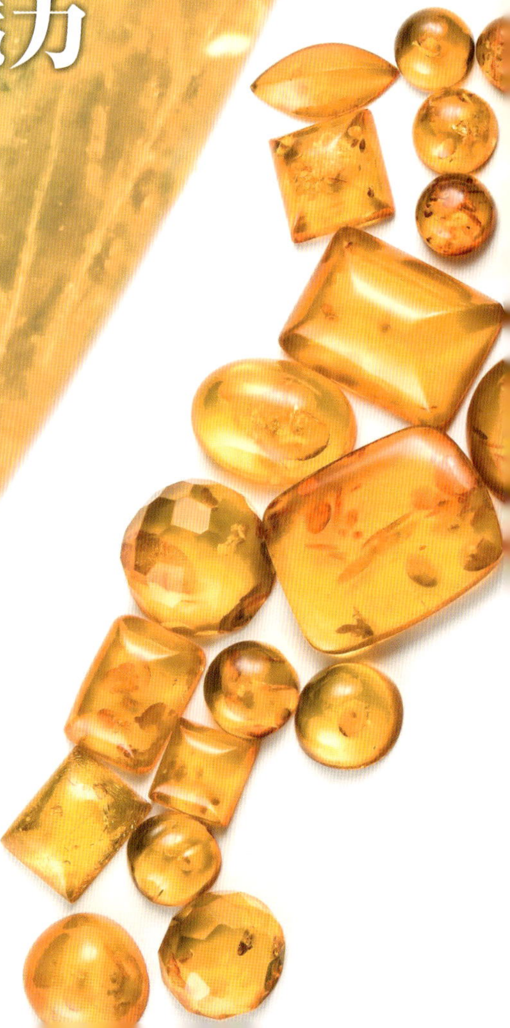

琥珀の色と模様は、産地によって多少の特徴があるが、マーケットに流通する琥珀の色には、自然（天然）のものと、加工（処理）で作り出したものがある。
本項では、その内の自然の色と模様について解説する。

■琥珀の色と構造が見せる魅力

半透明の部分を20倍に拡大して撮影。小さな泡粒は、琥珀がまだ樹液だった時にとり込まれた太古の空気。

琥珀色という言葉がある。JISの色彩規格に検索すると“くすんだ赤みのある黄色”となる。

オレンジ色を帯びた黄褐色という事だが、琥珀を専門的に扱う業者は“琥珀の色は極めて多彩でおよそ250色ある”という。宝石の鑑別ではそれほどには分類しないが、この宝石を宝飾材として見た場合にはそれほどに微妙な美しさをもっているという事なのだろう。そこには透明感（透明度）というものも大きく関与した、柔らかさの色感というものもあるのだろう。

以前ウィスキーの宣伝で琥珀色と表現していた様に、その名前には透き通ったイメージがある。英名のアンバーも語源のイメージは透き通った黄色である。

琥珀のその透明度を左右するものの多くは、目に見えないほど微細な気泡の集合である。気泡が少ないほど黄色味は残るが、多くなるほど白っぽくなる。内部に取り込まれた植物の残片や泥などが透明度に影響することもある。

産地が次々と発見されたせいか、今日のマーケットにはかつてにないほど豊富な色を持った琥珀が見られる。黄色はもとより、橙色・褐色・茶色・赤色・白色・青色・（微）緑色・黒色ばかりか、ほとんど無色に近いものまでがある。

琥珀の色は、特殊な分子構造が可視光線を吸収する事で生じるが、中にはそれ以外の特別な原因で出現する特殊なものもある。それらは本来の琥珀の色から大きく離れたものであっても、特別な琥珀名として使われている。

◎ 通常範囲の原因の色

▶ゴールド・アンバー

琥珀の色の中で、特に濃い黄色の琥珀を呼ぶ名前には古今東西に共通のものがある。ヨーロッパではギリシャ人が黄色い琥珀をエレクトロンという名前で呼び（➡ p.6 参照）、日本の久慈では、黄色く透明な琥珀を特別に『金琥珀』という名を付けて呼んでいる。

▶レッド・アンバー

赤い色をした琥珀は、古来特別なものとして扱われてきた。アジアの赤い琥珀は中国産のイメージが強く、特産物の様に思われているが、実際にはミャンマーから持ち込まれたものであった。しかし世界的に見ると、古来もっとも有名な赤い琥珀の産地はメキシコである。

◉ 特別な原因の色

▶ブルー・アンバー

紫外線によって表面部から発光する蛍光の色で、発光の強さには個体差がある。紫外線に刺激されて、特定の成分がブルーに蛍光（発光）しているのである。そのことを証明する様に、原石によっては研磨後次第にその色が消失していくものがある。
ブルーに発光する琥珀の組織を調べると、通常の琥珀には見られない微細な粒子状のものが含まれている事がある。その微細な粒子が、可視光線の中からブルーの波長を散乱して、蛍光色のブルーを強調している。しかしその組織はすべてのブルー・アンバーに共通して存在するものではないから、ブルーに見える決定的な原因とは断定できない。青く発光する正確な原因はまだまだ不明な部分が多い。
ブルーの琥珀はドミニカ産の琥珀の中から発見されて一躍有名になったが、それ以前はメキシコのチアパス州のものが、少数ながら知られていた。古くからの琥珀の産地であるバルト海からもごく少数採取されて、時折マーケットに流通した。
それが逆転し、ドミニカ共和国は虫入り琥珀とブルー・アンバーで一躍有名になり、バルトやメキシコのブルー・アンバーの記憶は薄れてしまった。そして最近では、ミャンマーやスマトラからもブルーのアンバーが発見されてマーケットに流通している。
ブルー・アンバーの色は黒色地を背景にして見た時に、もっとも良く見える。ブルー･アンバーと特定する時に紫外線ランプ（ブラック・ライトと呼ばれる）で発光させて判定する販売法が多く行われているが、正しくない方法である。黄色系統の色に発光するブルー・アンバーも存在するからである。

▶グリーン・アンバー

グリーンの色は蛍光色によるもの。ブルー・アンバー同様に黒い色を背景にして観察すると見えてくる。
本体の色と透明度と相互に関係して緑の強さに差があるが、かなり淡い色合いで、多く流通している処理の色とは大きく異なる。(➡ p.65 参照)
処理石のグリーンとは発色の機構が異なり、その色はブルー・アンバー同様に、揮発性成分の散失と共に弱くなる。古くからバルト海産の琥珀にごく稀に見られたが、ドミニカとメキシコ産の琥珀の登場によってマーケットで散見される様になった。
多くの場合、原石の表皮を裏面に残したままカットして、その弱い色を強調しているが、表皮の部分を褐色から黒色に加熱処理してグリーンを引き立てているものもある。
さらに最近になって、ミャンマーとスマトラ産の琥珀にも見られる様になった。

質感が与える魅力

琥珀の色をさらに魅力的にしているのが、その質感である。

琥珀の色が、その分子を構成している原子に伴っている電子によって作られている事はすでに述べた(➡p.24参照)。琥珀の分子中にバラついて分布している電子が、琥珀に入った可視光線の一部を吸収することによって琥珀に特徴的な色を表すと共に、透明感にも微妙な影響を与えて独特の質感を見せている。

透明度は琥珀の質感に最大に関与し、琥珀の評価基準では透明度は重要なひとつの要件となっている。白色のものは別として、透明度が落ちるものほど品質は低く評価される。一般に不透明や黒色の内包物が多くなるほど琥珀の価値は下がる。内部に取り込まれた植物の残片や泥などが透明度を左右することもある。

写真の琥珀には樹液の流動模様が明瞭に残されている。岩手県の久慈産の琥珀だが、ヨーロッパではこの様なものがマーブル・アンバーと呼ばれて珍重された。

構造が見せる魅力

不透明なものの中には明瞭な縞模様をもつものがある。かつて琥珀が柔らかかった頃の名残りを留めているもので、木から染み出した樹液が次第に固まりながら木肌を垂れて流れた状態が石の中に記録されている。

透明感や色調の違う縞が組み合さって形成されていて、その原因を作っているのは無数の気泡である。空気の泡の存在量のばらつきが形成する縞状の流動模様は１つとして同じものがない。状態によっては個性的に評価されて『マーブル・アンバー』などという名前で呼ばれる。マーブル模様は、かつて上流階級の人々が好んだという。

インドネシア・カリマンタン産琥珀。樹液が数回にわたって分泌されたことを物語る標本。中央帯の黄白色の部分は極微小なサイズの気泡を無数に含んでいる。

包有物が見せる魅力のコレクション

地衣類に共生したシダ植物が取り込まれたコーパル。コロンビア産。当時樹液を分泌した木々が繁茂した森は、かなり湿度が高く蒸し暑かったことが伝わってくる。大小の円い粒の中には、森の中に満ちていた水蒸気が詰まっている。

今、琥珀が形成される当時の森林の様子を見る事はできないが、この宝石の中には有史前の世界の記憶がジオラマの様に封印されている。琥珀やコーパルは特別なタイム・カプセルである。中に取り込まれている化石も石になっておらず、生のままに現在に伝えてくれる唯一のものである。それも通常では残らないほど軟らかな組織や繊維までもが保存されるという不思議な空間である。

コーパルに閉じ込められたシダ植物の葉。一部に鳥の羽毛と思われるものが付着している。コロンビア産。

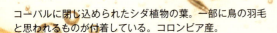

コーパル中のシロアリの仲間。周辺に複数のシロアリの外れた羽を含んでいる。左奥はハエの仲間。コロンビア産。

琥珀やコーパルには様々なものが包含(インクルージョン)されていて、その内容物によっては琥珀に更なる魅力をもたらす。

美しい包有物はそれを見る人を当時の森林の中に引きずり込む。その代表はなんと言っても『虫入り琥珀』だろう。

その珍奇さから特別なカテゴリーの宝石として扱われ、古代からも特別貴重視されてきた。閉じ込められている昆虫類などを見ると、黄色い空間を飛び回りながら、過去の時間がまるで止まってしまっているかの様である。

ガガンボとヨコバイの仲間の様に見える。樹脂に捕らえられ、逃げ出そうとしてもがいている様だ。バルト海の琥珀。

サソリを封じ込めているバルト海の琥珀。コーパルや琥珀は、樹液を分泌した当時の多くの動植物を保存している事で知られるが、時に小動物を取り込んでいる事がある。
サソリは鋏状の前足と針状の尾節をもち、尻尾に毒針があるのが特徴である。写真の上方が尻尾、下方が鋏脚である。
琥珀の表面が、経時による変化で生じた無数のクラックで覆われている。

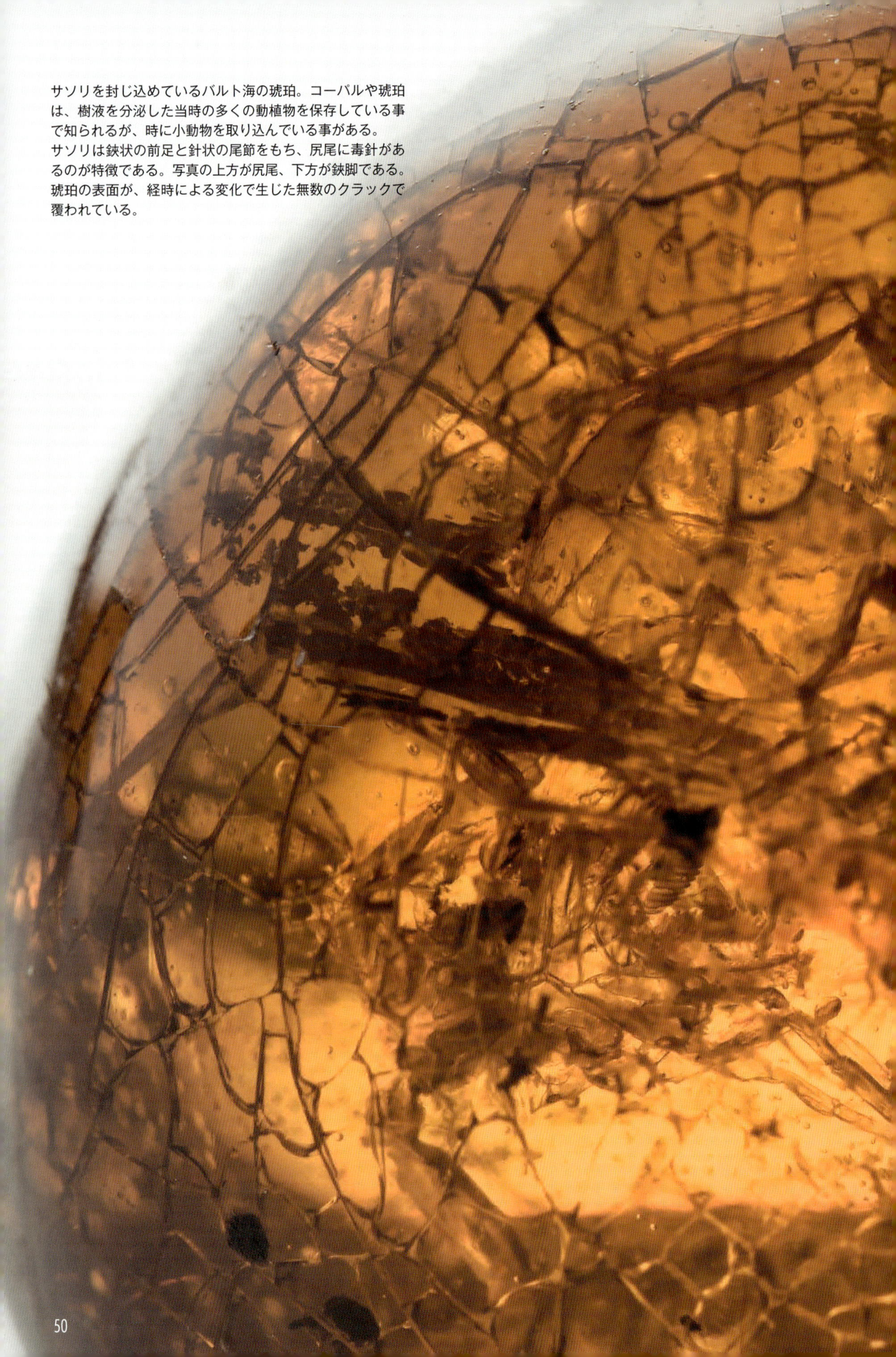

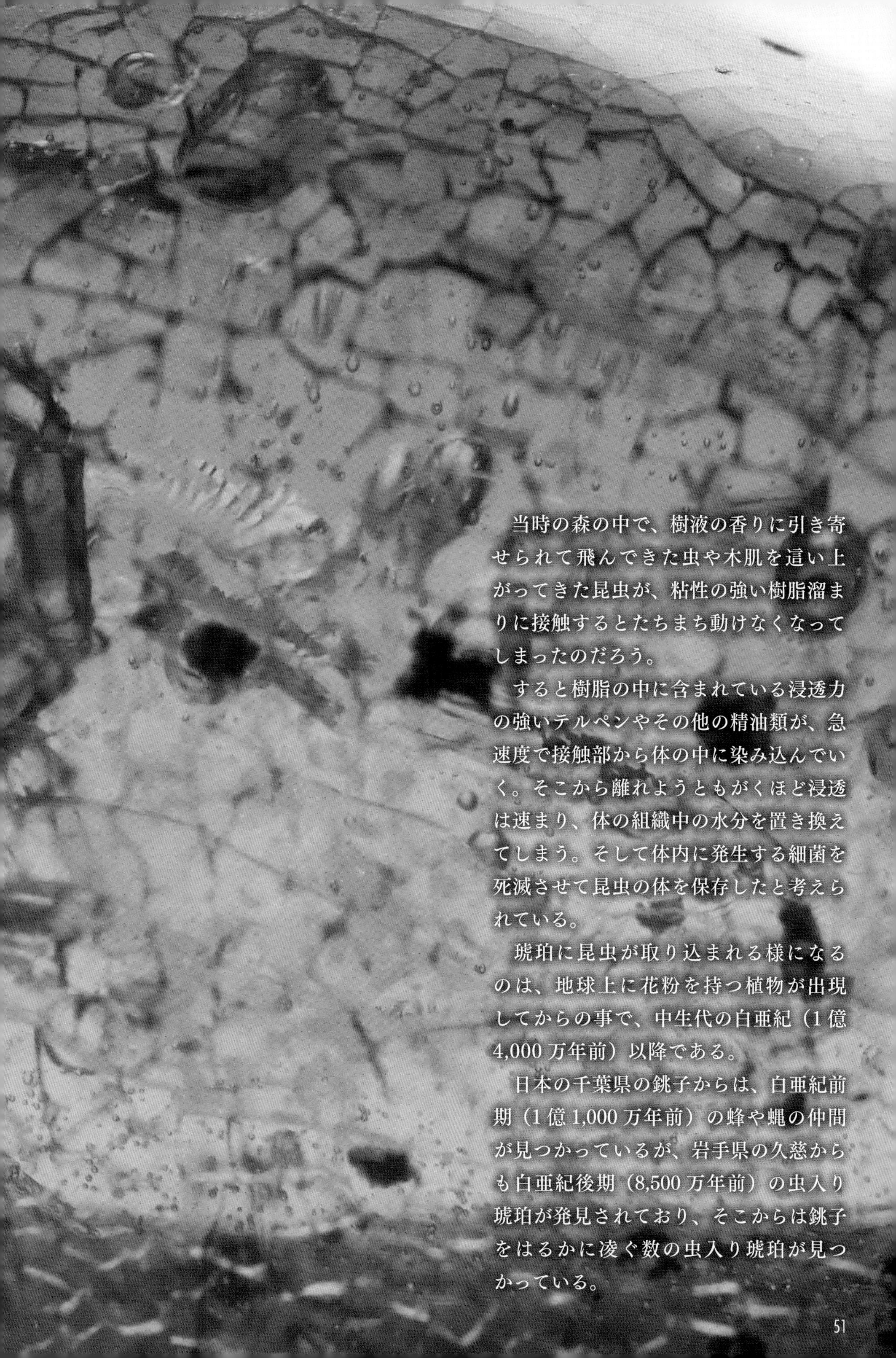

当時の森の中で、樹液の香りに引き寄せられて飛んできた虫や木肌を這い上がってきた昆虫が、粘性の強い樹脂溜まりに接触するとたちまち動けなくなってしまったのだろう。

すると樹脂の中に含まれている浸透力の強いテルペンやその他の精油類が、急速度で接触部から体の中に染み込んでいく。そこから離れようともがくほど浸透は速まり、体の組織中の水分を置き換えてしまう。そして体内に発生する細菌を死滅させて昆虫の体を保存したと考えられている。

琥珀に昆虫が取り込まれる様になるのは、地球上に花粉を持つ植物が出現してからの事で、中生代の白亜紀（1億4,000万年前）以降である。

日本の千葉県の銚子からは、白亜紀前期（1億1,000万年前）の蜂や蝿の仲間が見つかっているが、岩手県の久慈からも白亜紀後期（8,500万年前）の虫入り琥珀が発見されており、そこからは銚子をはるかに凌ぐ数の虫入り琥珀が見つかっている。

琥珀やコーパルの中には、そのままだと腐敗したり、消滅してしまう様なものが保存されている。

昆虫や環状動物の他にもバクテリアや甲殻類、小動物が取り込まれている事もある。木の枝や花、果実、気根、時には昆虫の卵や鳥の羽、動物の体毛までもが発見されている。珍しいものでは、蜘蛛の巣の糸や水滴が取り込まれている事もある。

顕花植物の花。中央に雌しべが、左方に雄しべが見え、ユリ属の花の様に見える。ドミニカ共和国産の琥珀。

ヨコバイ亜目の、ヒメヨコバイかツノゼミの様に見える。コーパル原石の破断面に露出している。生々しさが残り樹脂と完全に同化していない事から、樹脂の形成年代が若い事がわかる。コロンビア産。

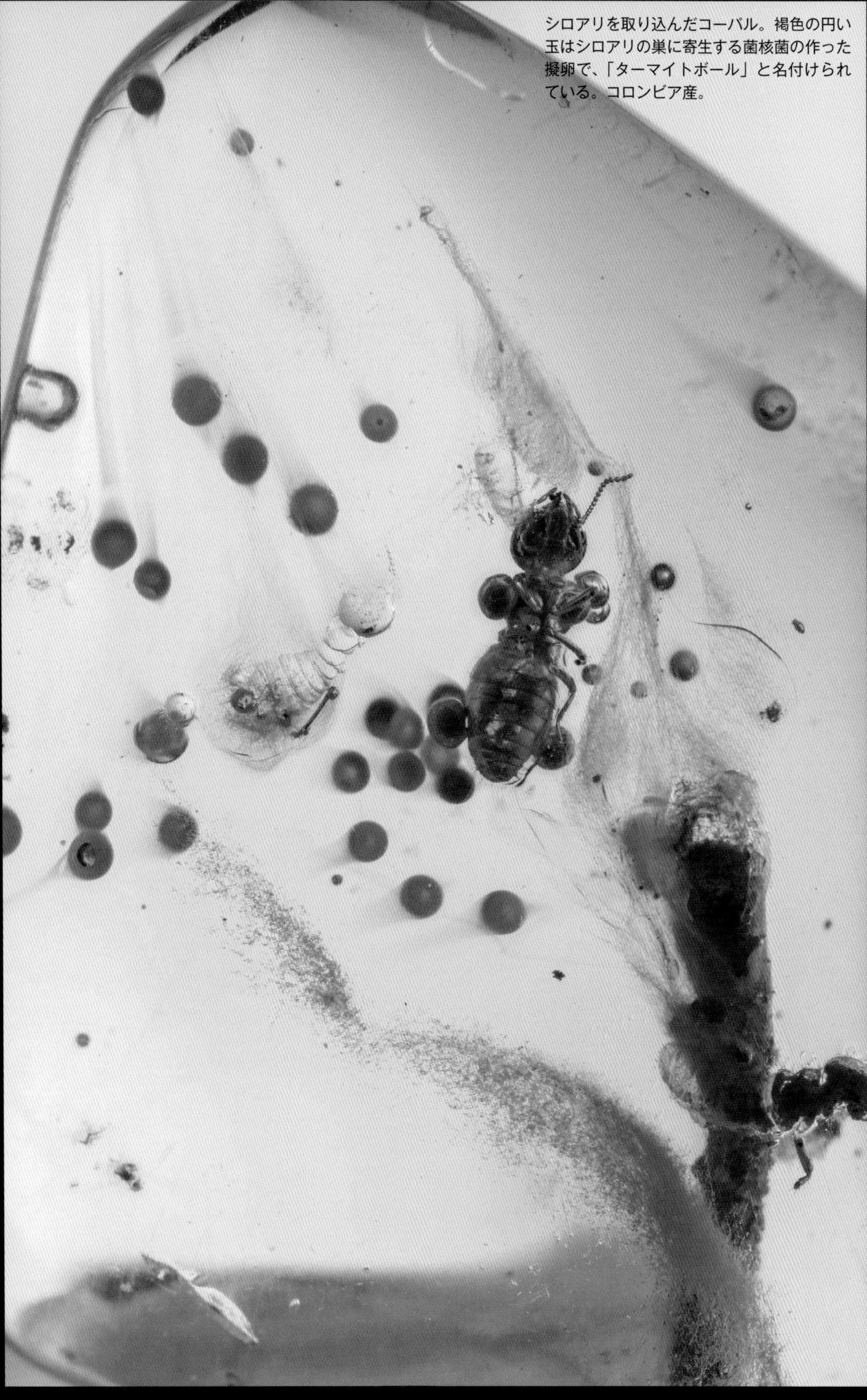

シロアリを取り込んだコーパル。褐色の円い玉はシロアリの巣に寄生する菌核菌の作った擬卵で、「ターマイトボール」と名付けられている。コロンビア産。

２匹の蜘蛛を取り込んだコーパル。糸も見えるところから、一瞬にして樹脂にのみ込まれた事がわかる。コロンビア産。

コーパル中の気泡を含んだ水滴。長径 3mm。コロンビア産。

バルト海産の琥珀の中に発見されたパイライト。樹液の垂れ重なりの境目に、挟み込まれる様に点在している。

意外なものでは、黄鉄鉱（パイライト）や白鉄鉱（マーカサイト）などの鉱物もある。

琥珀が埋もれている地層には硫化水素が多いから、琥珀が土の中にあるうちに、琥珀に発生したクラックの中に入りこんだ地下水に溶け込んでいた鉄分と硫化水素が反応して、結晶化したものである。

垂れ落ちた樹脂に付着する様に集合したマーカサイトの塊。硫化水素の多い地層の中で鉄分が凝固したもの。スマトラ産琥珀。

琥珀の等級付け

琥珀は、その色と質感との相乗効果で個性の美しさをもつ。透明な石も不透明な石にも独特の魅力があり、そこに包有物や形成に伴った模様も加わって、他の宝石には類を見ない特別な魅力を見せる。その魅力を大きく引き下げるのは、褐色や灰色の汚色や黒色の包有物の存在である。

琥珀の価値を確固たるものとしたのは欧州の琥珀産業に係わってきた人々で、そこから産出される様々な琥珀を等級付け（グレーディング）してきた。バルト海で採取される琥珀は特徴的に透明度の低いものが多く、その現実に即して、産出石は右表の様に区分けされた。

右表中の③と④は②と同義に使われる場合があり、②にまとめて、①②⑤⑥⑦とする場合もある。

① クリア・アンバー
Clear amber

“曇りがない”という意味で呼ばれるもので、包有物がほとんど見られないものをいう。日本の久慈で『金琥珀』と呼ばれるものに相当する。

② フローミング・アンバー
Flohming amber

気泡を多く含んでいる為に、透明感が半減して半透明に見えるものをいう。

③ ファティ・アンバー
Fatty amber

“脂肪質”という意味があり、②よりも細かな気泡群を含む為に、トローッとした質感がある。“ガチョウの脂身”という愛称がある。

④ クラウディ・アンバー
Cloudy amber

気泡群を含む為に③よりも透明度が落ちるものをいい、“曇っている”という意味がある。

⑤ バスタード・アンバー
Bastard amber

“まがい物”という意味がある。気泡がかなり多くなり、琥珀が不透明に近くなるとこの名前で呼ばれる。これは透明な石が特別に希少な事から、ジョーク的に表現されたものである。

⑥ オスシオス・アンバー
Osseous amber

⑤よりもさらに不透明になったものをいうが、“骨の様な”という意味で「ボニー・アンバー Bony amber」とも呼ばれる。

⑦ ホーミー・アンバー
Foamy amber

さらに多くの気泡を含み真っ白くなったものをいう。“泡の様な”という意味で「フローティ・アンバー Frothy amber」とも呼ばれるが、この様にまでなると逆に珍しい。皇族のみの占有物とされたのはこれである。

このグレード分類はバルト海産の石に対して作られたものだが、世界中で多くの場所から琥珀が発見されている現在では、琥珀の品質表示に新たな呼称名が多く生れている。
そのいくつかのものを次に上げておく。
「ロイヤル・アンバー」、「ロイヤル・ブルー・アンバー」、「ボーン・アンバー」、「バター・スカッチ」、「オリーブ・アンバー」、「マーブル・アンバー」、「ドミニカン・ブルー・アンバー」、「ドミニカン・アンバー」、「カリビアン・アンバー」、「カリビアン・グリーン・アンバー」、「チェリー・アンバー」、「ティー・アンバー」、「ピュア・アンバー」etc

この様なネーミングは、琥珀に限った事ではなく無機質の宝石に於いても見られる一般的な傾向であるが、それらの中には宝石名としての付け方のセンスから大きく外れていて、到底理解でき難いものもある。

琥珀の加工

古代に於いて、この貴重な宝石はビーズなどに加工されて特別な人々の身の回りを飾ってきた。しかし素材自体が貴重なものであったことから、できるだけ目減りをしない形に研磨されていた。

琥珀の産地を身近に控えたバルト海沿岸の東欧の地には、古くから大きな琥珀産業が興った。琥珀に携ってきた人々は、これまでの長い時間をかけて琥珀の性質を生かし、新たな魅力を引き出してきた。まもなく人間はこの宝石を加熱処理することを覚えた様だ。

琥珀は適切に加熱処理をする事で、透明感が増し、硬度も上がり美しさが引き出される。カットに対する対抗性が上がり、穿孔しても欠けにくくなる。

今日の琥珀のマーケットには、それら人為により美しさを付け加えられた製品（処理品）と自然の美しさ（天然品）を持つ製品とが共存して見られ、それらが琥珀を見る人の心を引き付けている。

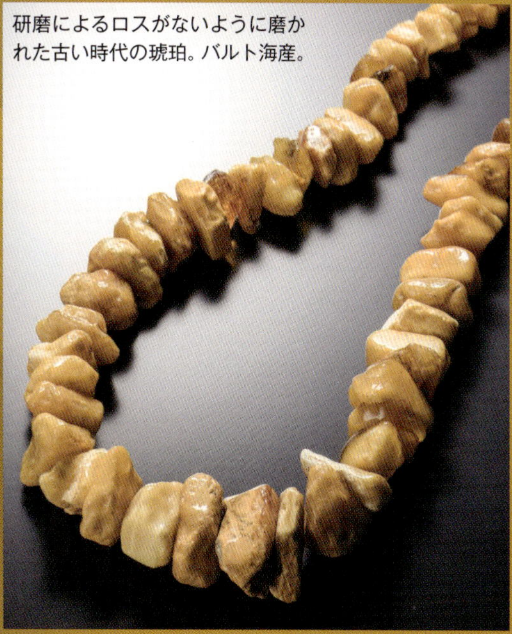

研磨によるロスがないように磨かれた古い時代の琥珀。バルト海産。

■琥珀に行われる処理

処理が生まれた背景

西暦１世紀にローマのプリニウスは、自身の著『ストックホルム・パピルス』の中で、“琥珀は、子山羊の固い脂肪アルカナット（天然の染料）を使って着色する事ができる”と述べている。以来、琥珀にはその物性を生かして、その見かけを改良する為に種々の処理（人為的処置）が加えられてきた。

最も古いものは加熱で、それは琥珀が発見されてまもなく行われたと考えられている。琥珀が初めて持ち込まれた時、人々はそれ以前から使われていた乳香と

琥珀の加工は長い時間をかけて確立されてきた。
伝統的な加工は琥珀に味わいのある魅力をもたらす。

同様に加熱しただろう。しかし、琥珀は溶解せずにその形を留め、さらにはその色が変化するのを経験したと考えられている。

その様な丈夫な性質を備えている琥珀は、当然の事かなり強固なパワーを秘めていると考えられた。そこで古代の人々は、それを別の樹種から採ったオイル（精油）中で温めてより強固なパワーを与えようとしたのだろう。

最初は「亜麻仁油《あまにゆ》 linseed《リンシード》 oil《オイル》」に浸してゆっくりと加熱したと考えられる。その結果、濁ったものが多いバルト産の琥珀の中に、透明に変化したものが見出された。琥珀の中に含まれている無数の気泡が琥珀が軟化するにつれ、表面から抜け出して、濁りが消失したのである。

琥珀が宝飾品などに加工される様になると、その知識を生かして透明度や色を向上させたり、軟質のものには耐久性をつけるなどの工夫がされてきた。そして今日では、加熱と加圧の技法を組み合わせて、かつてないほどの魅力的な琥珀製品が生み出されている。

処理の内容

琥珀が熱によって変化する性質を利用して、琥珀を扱う業界では古くから様々な加工法が開発されてきた。

ここでは琥珀に行われている加工処理の種類を分類してあるが、それらの中には、現在行われているものと過去に行われたものとがある。しかし過去のものでも、在庫の放出やコレクションの還流でマーケットに現れてくる事がある。

① 加熱加工

琥珀を空気中で加熱すると、黄色が橙色になり、褐色を経て赤い色に変化する。この現象は琥珀を香料として利用し始めた時代にすでに発見されていたと考えられ、後に宝飾品として使われる様になった時に、発色の技法として生かされた。琥珀を電熱器等で加熱して行うが、その発色は石の表面だけに限られる。

色の変化は酸化被膜が形成される為で、バルト海の琥珀を扱う業界の中で開発されて外観の色の変化を付けたものが作られてきた。鑑別の世界では処理の1つとして扱うが、琥珀の加工の歴史と平行して行われてきたものなので、本書ではあえて“加工”として分類してある。

琥珀は加熱により容易に褐赤色に変化するが、加熱にかける温度と時間の組み合わせ方により褐黒色から黒色にまで変色させることもできる。しかし褐黒色から黒色に到底琥珀のイメージはない。

加熱発色にはもう1つの技法もある。オイル中での加熱で、本来が琥珀に内在していると信じたパワーを上げる目的で始められた。その作業中で発見されたと考えられる現象で、透明度の上昇と同時に色の濃色化が生じる。さらに強度もある程度向上する。

加熱の加工を行うと、ほとんどの場合は内部に特徴的な模様をもつ平らな模様が発生してくる。これを［グリッターGlitter または グリット Glit］と呼んでいる。琥珀の業者の中にはそれを「結晶」と呼ぶ人がいるが、異物ではなく薄い亀裂で、加熱の際のストレスが形成した一

平らな円紋をグリッターと呼ぶ。加熱加工を加えた証拠になるが、反対にこの模様がこの宝石に琥珀らしさのイメージをもたらしている。

解説

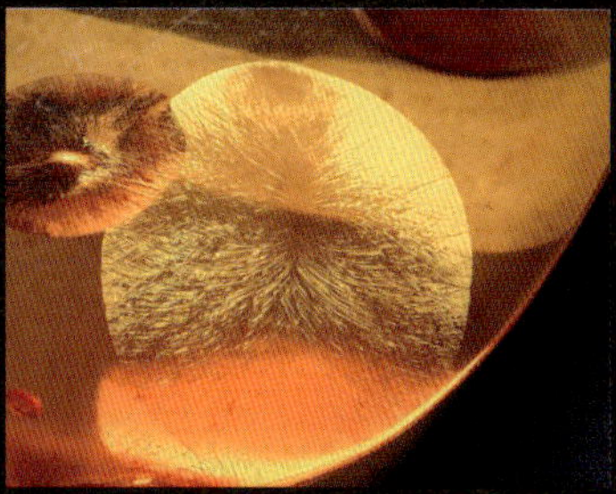

テンション・クラックは、機械的あるいは熱による応力により引き起こされた歪みによって生じた割れの事。琥珀では、樹脂中に閉じ込められている気泡がはじけて、その過程で周辺の気泡を巻き込んで亀裂の連鎖が起こる。その際に、亀裂波紋が伝播する途中にある微細な包有物がノット（節《ふし》）となって分岐した線となり、桧垣状《ひがきじょう》の模様をもつ平板亀裂となって現れてくる。写真左はグリッター部分を拡大したもの。亀裂の状態から、気泡が平面域で放射状に弾けた様子が見て取れる。写真右は、はじけの起こり方を再現したもの。汚した斜面に水を流して撮影したもので、汚れの点がノットとなり、水流を分けて分岐した線を形成する過程がわかる。

種の［応力割れ Tension《テンション》 crack《クラック》］である。その形状から「サン・スパングル Sun spangle（太陽の煌き）」という愛称があるが、これを見た人の中には植物の葉が取り込まれていると思い込む人もいる様だ。

左は琥珀原石の切断片。四角いチップは加工用に切り出したもの。原石の部位を生かして切り出し、また目的に応じて加熱加工して右端の様な製品に仕上げる。

琥珀の加熱は通常ではそのままの状態で行うが、時には加圧した状態で行う事もある。これは加熱の際に自然発生するグリッターを抑える目的があるが、発色する色の層を深くする目的もある様だ。

さらに特殊な加熱の仕方もある。ロシアで開発された赤外線で加熱する方法で、内部から発色しており、商品名で『ピンク・アンバー』と呼ばれている。ピンクとはいってもピンク味を感じるオレンジ色で、2004年頃からマーケットに現れたが、今はマーケットからその姿を消している。得られた色に耐久性がなく、経時で変色や退色が生じた為である。

加熱の技法には長い歴史があるが、近年バルト海産の琥珀の中には、加熱を段階的に行い外観に色の変化を付けたものが作られている。発色した酸化被膜層を部分的に削り落として、内部の色を露出させて色のコンビネーションを付けたり、模様や色の効果を表現したものもある。

正直、琥珀らしくない色。現在流通する鮮やかな赤や青の処理琥珀の先駆けとなった。

琥珀の加熱は、以前日本の宝石業界で使われていた「エンハンスメント enhancement（改良）」的に解釈できる技法であるが、海外（英語圏）ではこの種のものを［モディファイド・アンバー Modified amber］と呼び、“変更した琥珀”の意味がある。この点も海外と日本とでは温度差がある様だ。

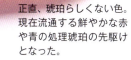

② 加圧加工

琥珀オイルやコハク酸などを抽出するのに使われるオートクレーブ(高圧発生容器)の中で、軟質の琥珀やコーパルが硬化するという事実が発見されてからは、もっぱらその方面の研究が進んだ。この方法でやや軟質の琥珀に強度が与えられる。

この加工でも、琥珀はその表面から濃色化がおこるが、改良された色の変化を生じさせない方法でも行われている。さらに、加圧により表面から染料を浸透させて、赤や青い色の石が作られているが、到底琥珀のイメージにはない。

③ 粉体成形処理

琥珀を左下の様な粒や粉末にして、精製した上で加熱状態で加圧して固結して作られる。“圧着固形琥珀”または“圧縮固形琥珀”と呼ばれる所以である。円柱状のものと角柱状のものが作られている。加工の方法により透明から不透明なものが作られる。上の写真のブロックには、原料として使用した粒の痕跡が見える。

琥珀の微小な粒や粉を180℃前後に加熱して強く圧力をかけると1つの塊となる。そこで『アンブロイド・アンバー Ambroid amber』という名前が生れた。その名前には“琥珀に準ずるもの”という意味があり、英語圏では［リコンストラクテッド・アンバー Reconstructed amber］と呼ぶ。“再編成した琥珀”という意味がある。

原料に混ぜ物がない事から、一部で(誤って)合成琥珀と呼ばれているのもこれである。

④ 個体成形処理

琥珀を加熱する行為と加圧する行為が思わぬ発見をもたらし、琥珀成形の新たな技法へと発展した。

琥珀を融解温度近くにまで加熱すると軟化して表面がベタつく事から、複数の粒を集めて強く押して成形琥珀が作られる様になった。それを最初に行ったのは、中央アジア辺りにいた琥珀商人だったといわれている。以来その方法で小さな琥珀片を大きくまとめたものが作られてきた。しかし科学技術が発達した今日では技法が高度に機械化され、これまでは成分抽出や塗料製造に回されていた小さな琥珀の粒でも、１つの塊に成形する事ができる様になった。

これを英語圏では［ボンデッド・アンバー Bonded amber］と呼び、“接合した琥珀”という意味がある。鑑別では③の粉体成形処理と共に［プレスト・アンバー Pressed amber］として分類するが、一様の色をしたものと部分的に乳白色の小片を混じえているものがある。

特に後のものは、その外見から『マーブル・アンバー Marble amber』の商品名がある。しかしマーケットにはその名称で呼ばれる天然石も存在する。写真の左下のビーズ（写真中➡部分参照）が天然のもの。それ以外が処理石。比較するとわかるが、処理石の方は使われた粒の境目がはっきりとしている。

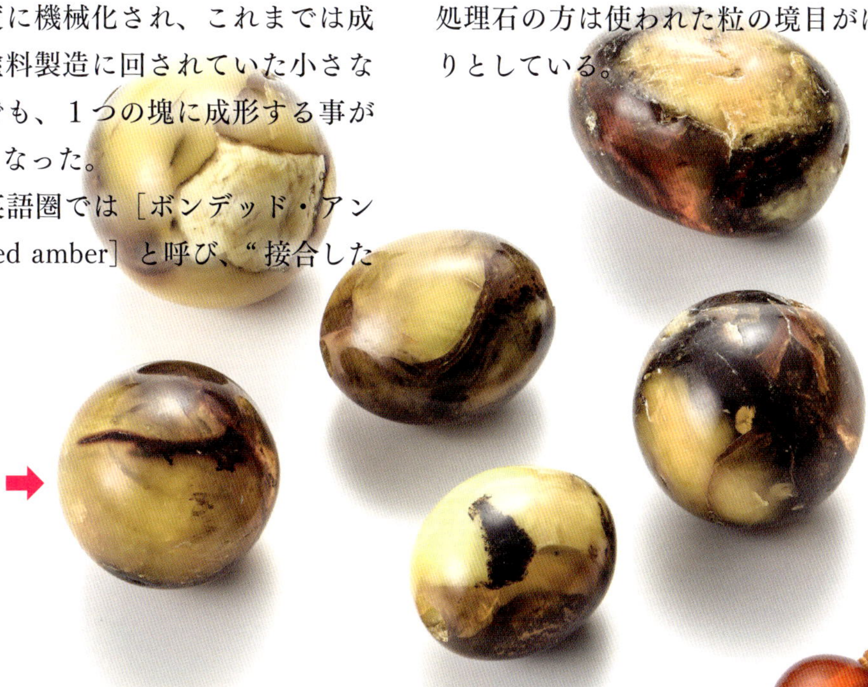

⑤ ペイント処理

いわゆる塗装で、光沢の出にくい素材や、こまかく彫刻された製品の磨きの代わりに行われる事がある。無色材を使用したものと、有色材を使用したものがある。

有色材を使用して行う場合は、素材の色を濃くする目的で行われている。

ビーズを軽くこすると塗装された染料が剥落する。ビーズの手前に落ちた染料が線状になって見える。

⑥ 放射線照射処理

特殊な容器の中でγ線やx線を照射して、琥珀のもつ色を濃色にする方法で、内部まで変色するが、照射部分がムラになる為に、数回にわたって照射を行う困難さがある。

左は本来の色の琥珀。右は照射処理後の色。褐色味が強くなっている。

⑦ 増量成形処理

英語圏では［マルチプル・アンバー Multiple amber］と呼び、"複合的な琥珀"という意味がある。琥珀の粉末に合成樹脂を任意の量加えて溶融成形したもの。合成樹脂の量が増えるにつれ、性質は合成樹脂そのものに近づく。

かつてこの種の処理品が「蜜蝋琥珀」とか「アフリカ琥珀」などと呼ばれて流通した事があり、今でもアンティークのマーケットに見られる。

⑧ 接着加工

琥珀業界の一部で『モザイク・アンバー』などと呼ばれているもの。琥珀を平板や角に切断し接着したもの。鑑別ではその内容を鑑別書上に記載して、処理品として扱う。

左のビーズが「モザイク・アンバー」。琥珀の切片を接着剤で接合して作られている。
時に右のブレスレットのビーズがその名前で呼ばれている事があるが、こちらは『モルタル・アンバー』と呼ぶべきもの。琥珀粒をつないでいる素地はプラスチックである。

column.4

新技法を使用した加工処理

前項までの加工は、自然によって作られた琥珀という素材がもつ性質を利用して、それを最大限にまで利用したものといえる。しかし科学の技術が、琥珀の宝飾品としての歴史を大きく塗り替える事となった。

コーパルに相当する硬化度の低い軟質の樹脂を、琥珀相当の硬質の樹脂に変化させる事が可能になり、3,500 万年という気の遠くなるほどの長大な時間をかけなければ硬化しないものを、一気に縮めてしまった。それまで加工の現場で使われてきたオートクレーブを特殊に改良して行ったもので、いわばコーパルをタイム・マシンに乗せて時間送りしたともいえるものである。

この新しい技法で処理されたコーパルや比較的時代が新しい琥珀も、その多くがはっきりとしたグリーンに変わる。その変化がどうして生じるかというと、通常の地質条件を大きく上回る加圧下に置かれた素材は、圧力を解除された時にその内部に無数のクラウド（微小粒子集団）が発生する。するとその存在で、そこに入った光が散乱と吸収という現象を起こして、グリーンに色付いて見えるのである。そのグリーンは、ごく稀に天然の琥珀に見られるものよりもはるかに鮮やかで、2006 年頃からマーケットで見られる様になった。

『カリビアン・アンバー』とか『レア・バルチック・アンバー』の商品名で流通したが、中には、高圧で表層部から内部に染料を浸透させたものもある。

この技法はコーパルという軟固化のものを琥珀の様に固く変化させるというものである。

“宝石の処理”とは、本来が自然の産物を採取して、自然に起こりうる外因の内容で、素材がもつ内因に働きかけて行うものだが、この場合では、琥珀の産業界が区分してきた異る材質を変化させたわけだから、筆者は合成石の範疇と考えている。

筆者は真の琥珀とは解釈していないが、

①資質（物性）を改良したとは言え、それを歴史に拾われなかった素材に福音をもたらしたと考えるか

②それまでの琥珀の産業の歴史を崩してしまったと考えるかは、読者の捉え方に委ねる事とする。

リトアニアで加工された琥珀

第Ⅴ項

琥珀の鑑別

鑑別の必要性

琥珀にはコーパルという類似品（類似石）がある。双方は物性の違いからいくつかの相違点をもっているが、外見上の大きな違いは見出せない。

しかし宝石という視点からはその違いは極めて重要で、人々は古くから琥珀とコーパルの違いを探索し見出してきた。

現在、琥珀とコーパルの違いは商業意識の上で正確にして販売される様にはなったが、ほんの少し前には双方を混同して取り扱っていた業者が多かった。この宝石と馴染みが薄い日本では、ことさらその傾向が強かったといえよう。

コーパルは琥珀よりはその物性が劣る為に、『ヤング・アンバー』とか『コーパル・アンバー』などという曖昧な名前で呼ばれていた。しかしその中に昆虫などの化石が入っていると、それがコーパルだとわかっていても敢えて琥珀と呼ぶ傾向にあったというのも事実である。

今からたかだか40年前は、琥珀を鑑別して販売するという事はなく、琥珀に専門に係わる業者が、ロシア（当時はソビエト）を始めとする欧州の琥珀専門の国からバルト海の琥珀を輸入して販売を行っていた。

ところが時代が変わり、今日では専門業者以外のルートや、他の様々な国から琥珀が日本に入ってくる様になった。マーケットには欧州産以外の琥珀やコーパルも増え、また偽物もこれまでにないほど多様化している。さらに琥珀を処理する技術と技法も多様化して、鑑別という仕事の重要さが求められる状態に至っている。

琥珀を鑑別する

琥珀とコーパルという比較を行うだけであるのならばよいが､鑑別ではマーケットに流通するあらゆる模造品や加工石、処理石を対象として、それらとの区別を行う。かつて作られたものや、加工石が加わる事もあり、したがってそれらの識別を完全に行うのは困難を伴う。琥珀の鑑別（識別）には多くの方法があるが、ここでは伝統的なものと現在鑑別で行っている方法とに分けて解説する。

簡単な識別法

これは伝統的な鑑別の方法ともいえるものであるが、琥珀に専門的に係わっていない人や鑑別家以外の人でも行える方法である。

▶コーパルと琥珀の違いを見分ける

外観がもっとも琥珀に似ているコーパルは、一般に琥珀よりも淡色で明るめの色調のものが多い。しかし中には琥珀と区別できないほど濃色のものもある。写真左から右へ、コーパル、琥珀（加熱加工石）、ブルー・アンバー。

紫外線を使って照射すると、琥珀もコーパルも蛍光を発する（写真下）が、コーパルの方が琥珀よりもかなり弱く沈んだ様なイメージの蛍光を出す。

またコーパルは有機溶媒には容易に溶けるので、マニキュアの除光液や純度の高いアルコールに接触させると、その部分がベトついてくる。ただしこの方法は試料を損傷する事になる。鑑別では顕微鏡で覗きながら最小の部位で行うが、一般には行わない方がよい検査法である。

紫外線を照射すると

▶プラスチックと琥珀の違いを見分ける

飽和食塩水の比重は20℃で1.20g／cm^3。琥珀は1.08程度であるから、飽和食塩水に入れると、コーパルは水面に浮かんで、琥珀は液中を浮き上がり気味に中間に静止する。プラスチック製品は底に沈んでしまう。

しかし例外的に飽和食塩水に浮いてしまうプラスチック（ポリスチレン）もあるので、完璧な識別法ではない。

（左から順に）コーパル、琥珀、プラスチック

▶ガラスと琥珀の違いを見分ける（模造品は手に持った時にどんな感じがするか）

時に黄色や褐色のガラスで琥珀を模倣しているものを見かけるが、手取り（持った感じ）が重い事と、それに触れた瞬間に冷たさを感じる事で琥珀ではない事がわかる。

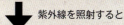

研究所で行う鑑別法

鑑別室では琥珀の識別を様々な方法で行うが、その機軸とするのは前述した伝統的な方法である。

しかし主となるのは宝石の検査用に開発された器材を使って検査を行う方法で、さらに現代に開発された科学分析機器を使用して、琥珀の性質にまで及ぶ検査を行う。

検査は次の目的をもって行い、

Ⓐ 琥珀であるか
Ⓑ 模造品であるか
Ⓒ どの様な加工がなされているか
Ⓓ どの様な処理が加えられているか

を分析するが、時に

Ⓔ どの様な内容の琥珀か
Ⓕ どの様な模造品であるのか

にまで分析の内容を広げる事もある。次にⒶ～Ⓕの内容を包括的にして検査の内容を紹介する。

鑑別では、通常の範囲内で琥珀を分析する場合に、次のデータを使って測定値の比較を行う。

琥珀の鑑別データ

［成　　分］	$C_{10}H_{16}O+H_2S$ の組成をもつ
［構　　造］	非晶質
［硬　　度］	2 ～ 2.5（モース・スケール）
［屈 折 率］	1.54 ～ 1.55
［比　　重］	1.05 ～ 1.096（通常では 1.08）
［蛍光検査］	蛍光色は様々で、基本的にはブルー系、加熱加工によって黄色味に転じる。

…琥珀との識別点…

①外観を見る

コーパルと琥珀の違いは、基本的にその外観が本質を物語っている。コーパルはどこまでも脆弱で脆く、琥珀ほど硬いものはない。したがって琥珀が**写真 1**や**写真 2**の様に形成時点の形状を保っている事はまず有り得なく、**写真 3**の様に光沢のある強固な外殻を形成しているものは、琥珀である事の間接的な証拠になる。

写真 1：コーパル

写真 2：コーパル

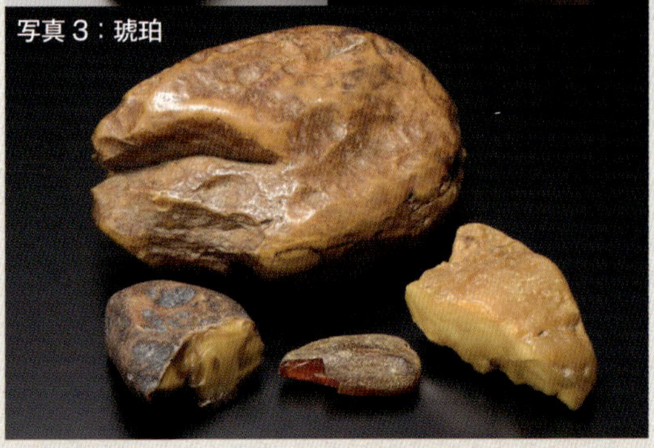
写真 3：琥珀

②色の違いを見る

琥珀とコーパルを比較すると多くのコーパルは明るい黄色から褐色で、無色に近いものまである。合成樹脂の場合はあらゆる琥珀の色を忠実に再現しており、目視での区別はできない。

若年代のコーパル　コーパル　琥珀

③感触の違いを見る

手触りの違いの事で、典型的な琥珀はその性質が安定しているが、コーパルはいわゆる未熟な状態にある為に不安定で、時間の経過と共に表面から微小なレベルで崩壊が生じていく。

原石よりもカットされたものではその傾向が強く、表面に大きくヒビが入ったり、曇ったり、粉を吹いた状態になる。

コーパルは琥珀よりも表面が粉っぽく、極端な場合には触ると指先に粉状のものが付着してくる場合もある。また爪を立てて石の表面を引っ掻くと、ギシッとした音を立てて、年代の新しいコーパルではキズが残る。写真はコーパルで、表面には研磨後に経時変化で発生した網目状のクラック（ヒビ）が見える。形成年代の若い樹脂化石ほど研磨後すぐに表面が変化し始める為に、感触が粉っぽくザラつく。

コーパル

④硬度の違いを見る

硬度（硬さの度合い）の代表的な測定法は、モース硬度とビッカース硬度があるが、宝石学に於ける測定はモース硬度をもって行う。

しかし琥珀とコーパル／琥珀と合成樹脂の間に、ビッカース硬度では違いが見られるが、モース硬度では大きな違いは見られない。但し、モース硬度の測定法は引っ掻き測定なので、測定の際に脆さが伝わり相互の違いがわかる。琥珀に対してコーパルは脆く感じ、合成樹脂では粘り気を感じる。

⑤靭性の違いを見る

素材の粘性の程度をチェックするもので、物質のもつ状態により違いが現れる。

通常では行わないが、顕微鏡下で拡大して、ビーズの孔口や原石の角に刃物を当てて押し削ると、コーパルではパリパリと削りカスが飛散する写真 1。合成樹脂では粘り気が強く削りカスはカンナクズの様に丸まっていく写真 2。琥珀ではその中間の状態をとる。

写真 1：コーパル

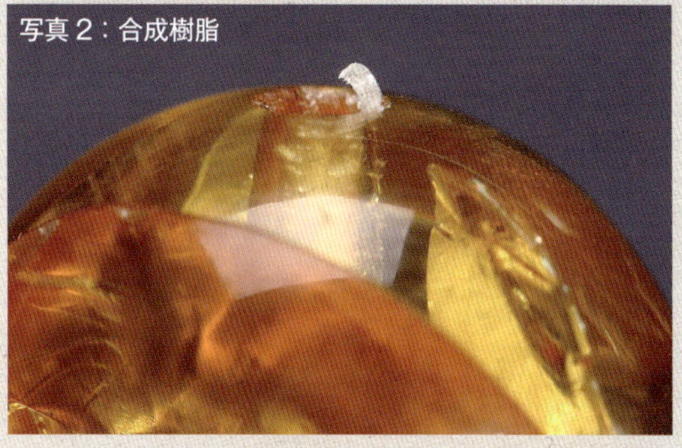

写真 2：合成樹脂

⑥屈折率の違いを見る

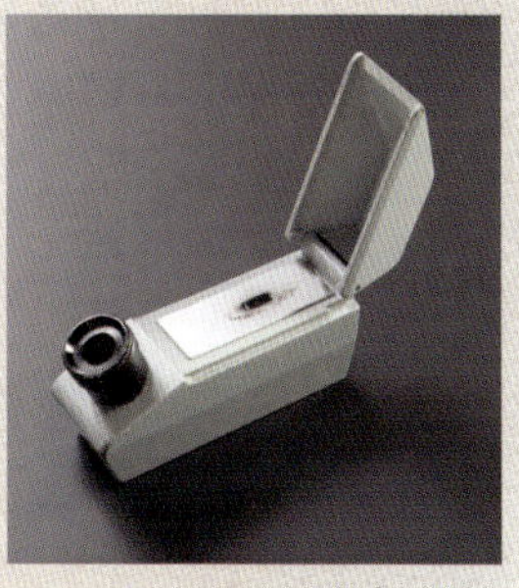

宝石の検査専用に開発された反射式の屈折計（写真）を使用して行うもので、素材に特有の光の屈折率を調べる。琥珀もコーパルも通常数値は 1.54。加熱処理した琥珀は、その状態により、1.59 程度にまで上がる。合成樹脂は種類によって様々な数値を示す。

⑦比重の違いを見る

密度（物質特有の重さ）を測定するもので、空気中での重量と水中での浮力を受けた重量との差から、密度を算出する。模造品との区別にはかなり有効な方法であり、コーパルとの区別も付けられるが、装飾品などの枠にセットされている場合にはこの検査は不可能となる。琥珀の比重は通常 1.05 ~ 1.10 の間にあり、コーパルは琥珀よりもほんの少し比重が小さい。合成樹脂は種類によって様々な数値を示す。

飽和食塩水に入れるとコーパルはその表面に浮かぶが、琥珀は中間位置につり合って静止する。この差は重合度の違いからきている。またほとんどの合成樹脂は底に沈んでしまう。（合成樹脂のうち、ポリスチレンは塩水に浮くので注意が必要）

⑧構造の違いを見る

琥珀の内部を観察する方法で、2 つの検査法がある。

【⑧－１　拡大検査】

ルーペや顕微鏡を使って行い、表面と内部の状態や包有物をチェックするもので、琥珀の状態や加工の有無とその内容、さらに他の検査と組み合わせると、琥珀の産出地までがわかる場合もある。

この包有物はキノコの化石と言われているが、現在時点でこの形状のものは、ミャンマー産の琥珀以外からの報告はない。

【⑧－２ 偏光検査】

2 枚の偏光板の間に置いて観察する方法で、偏光板を通した光で琥珀の内部の状態を観察する。歪みの状態がわかり、その石の状態や加工の仕方などが推定できる。

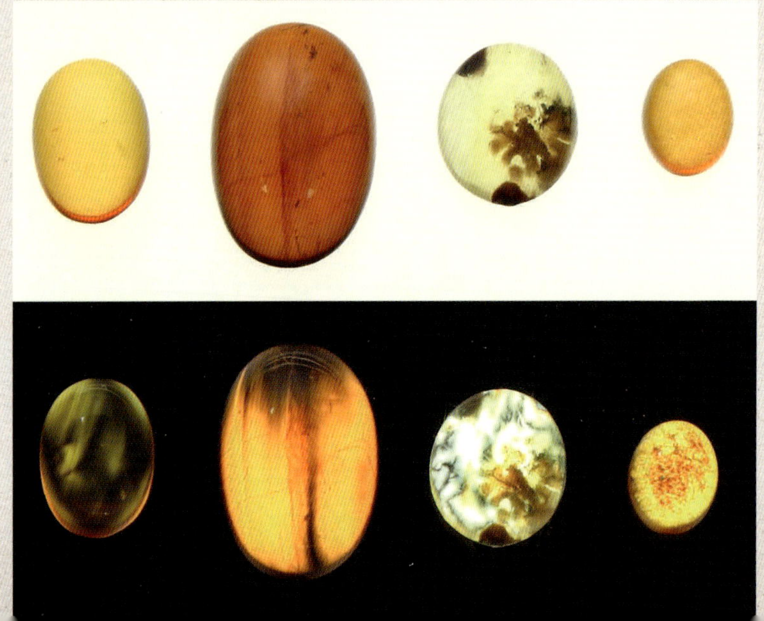

上は通常に観察した状態。下は交差した偏光板の間に置いて観察したもの。状態を反映した歪みが現れる。左から右へ、コーパル、琥珀、プレスト・アンバー（個体成形処理石）、アンブロイド・アンバー（粉体成型処理石）。

⑨耐熱性の違いを見る

琥珀は、加熱により150℃くらいで軟化してさらには燃焼するが、コーパルはさらに低い温度で軟化する傾向にある。対して合成樹脂の軟化温度はその種類により異なる。鑑別では顕微鏡下で拡大してビーズの孔口で行う事はあるが、通常はこの様な状態では試験しない。写真は説明の目的で行ったもので、左はコーパル、右は琥珀。熱した針を刺すと、コーパルではズブリと入り、そのまま抜けなくなるが、琥珀では少しささりはするものの、針は容易に抜ける。コーパルは容易に溶融する為である。

左：コーパル／右：琥珀

⑩耐薬品性の違いを見る

琥珀の鑑別の際に必要に応じて行う事があるが、顕微鏡下で拡大して微小部位で行っている。鑑別ではアルコールやアセトンを垂らして、その部位の溶解による変化を観察する。

コーパルは琥珀と比べると樹脂化と分子の重合の程度が劣る為に、アルコール等の有機溶媒に接触させると容易に溶解してしまうという性質がある。

宝飾用に磨かれたものでは一種の破壊検査につながるので行えないが、研磨前の原石等の状態では、指先にアルコールを付けて石に接触すると、典型のコーパルではベトついて極端な場合には指が離れ難くなる。典型の琥珀ではいくぶんその表面が曇る様な事はあるが、ベトつく様な事はない。ただし形成年代の若い琥珀では若干損傷を受けて表面の光沢が失われる事がある。したがってこの検査法は一般では行わない方がよい。対してプラスチックやガラスは有機溶媒には侵されない。

アルコールを付けた指先でコーパルに触れたもの。溶解して指先に接着している。

左を無理に剥がしたもの。コーパルの接触面は光沢を失い、指先にはその痕跡が残る。

⑪蛍光性の違いを見る

紫外線を照射した時に発する蛍光色を観察する方法で、365nm（長波）と253.6nm（短波）の波長を発生する紫外線ランプを使って行う。琥珀の多くは、長波紫外線の照射で、ブルーからグリーンがかった蛍光色を発し、短波紫外線で、弱い黄緑色の蛍光色を発する。琥珀の中には固有の蛍光色を発するものもあり、大きな範囲で琥珀とコーパルの違いもわかる。平均して、コーパルは琥珀よりも蛍光色は弱い。（➡ p.67 写真参照）
琥珀を加熱処理すると蛍光色は黄色に変化し、処理の温度が高くなるにつれてオレンジ色から濁ったオレンジ色の蛍光色に変わり、加工の事実を知る事ができる。

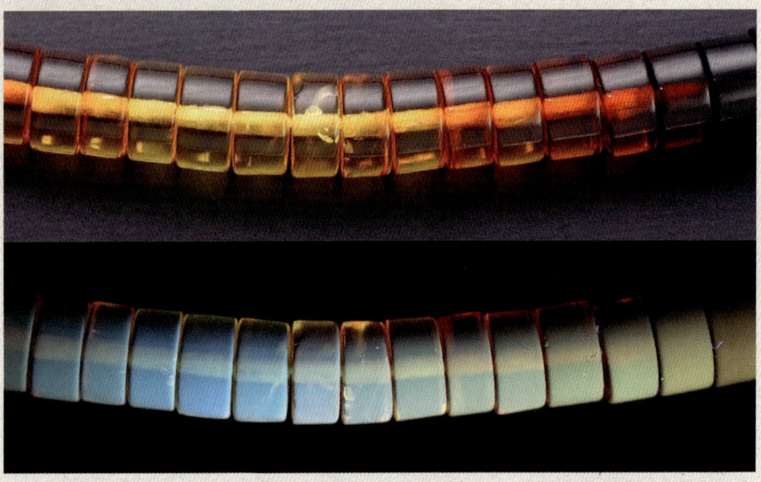

加熱により、地色が褐色から赤色に変化するのに比例して、蛍光色も青色から黄色に変化し、オレンジ味を増す。

---

⑫分光特性の違いを見る

目視観察や経験則の範囲を大きく超えた検査法で、樹脂の種類や成分比率、色の状態や透明の程度がわかり、素材の品質の評価が可能である。そこに経験則を加えると、識別の内様と範囲が大きく広がる。主に光学特性を分析する目的で開発された専用の機器を使用して分析を行うが、通常の鑑別業務では2つの機種を使用して行う。

【⑫－1　紫外ー可視分光分析】

紫外部から可視領域にかけての光は、物質が有する電子遷移の状態に基づいて吸収されるという性質をもっている。そこでその現象を利用して、キセノン・フラッシュランプを光源とする光を使い、琥珀を構成する分子の透過スペクトルや反射スペクトルを測定し、光の波長ごとの吸光度をプロットしたスペクトル・ラインを得て分析を行っている。琥珀やコーパルは植物樹脂の硬化したものであるから、380－780nmの可視領域と、200－380nmの紫外部の領域を測定する。

【⑫－1　紫外ー可視吸収スペクトル・ライン】

◎スペクトルの透過の端が始まる位置（→部分）が異なっている。

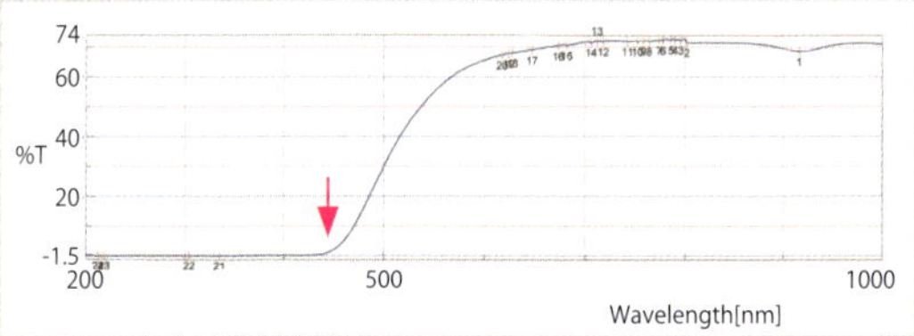

紫外ー可視吸収スペクトル　天然アンバー（バルト海）

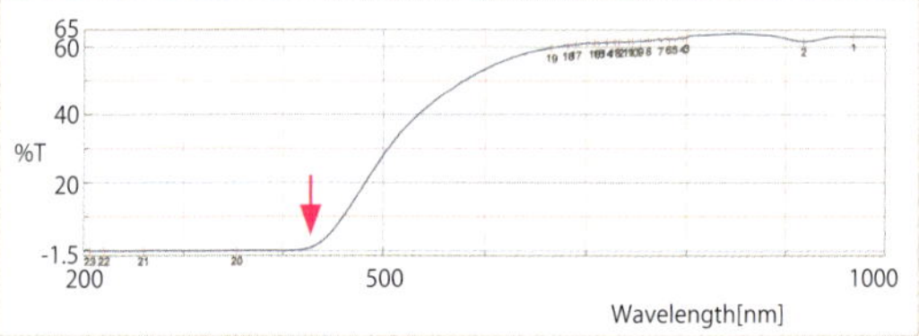

紫外ー可視吸収スペクトル　天然コーパル

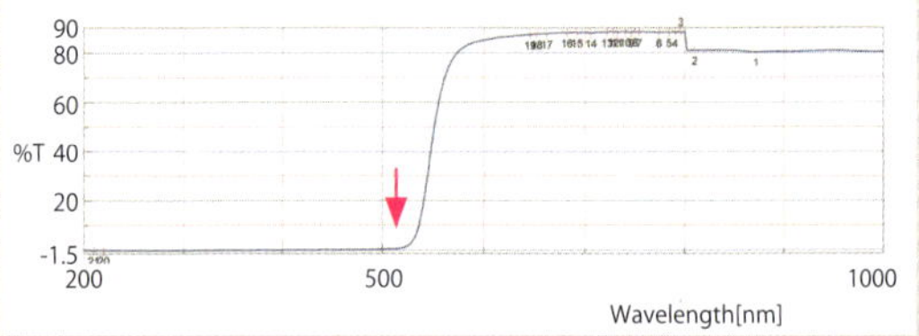

紫外ー可視吸収スペクトル　合成樹脂（不飽和ポリエステル）

【⑫－２ 赤外分光分析】

赤外光を照射して、主に有機化合物の構造や成分の特定（定性）を行う分析法で、琥珀を透過または反射した光を測定し、試料の構造や成分の定量を行う。

赤外光は紫外・可視光よりもエネルギーが小さいので、電子遷移よりも小さい分子の振動や運動に応じて吸収される。そこで物質に吸収された赤外光を測定すれば、化学構造や状態に関する情報が得られるのである。「フーリエ変換型赤外分光光度計（FT-IRという）」を使用して行い、得られたグラフ（赤外吸収（IR）スペクトル）は物質固有のパターンを示すことから、構造解析や定性分析に使用できる。吸収のパターンとラインを解析して物質の種類を特定するが、琥珀やコーパルでは他のデータと比較して、年代／樹種／素材の内容を知る事ができる。特にバルト海の琥珀には特有の吸収パターン（バルティック・ショルダー）が、特定のピークの横に現れる（矢印部）。また、質量分析を行う事で琥珀やコーパルの種類を特定できるが、通常の鑑別料金には見合わず、流通上では対応できていないのが現実である。

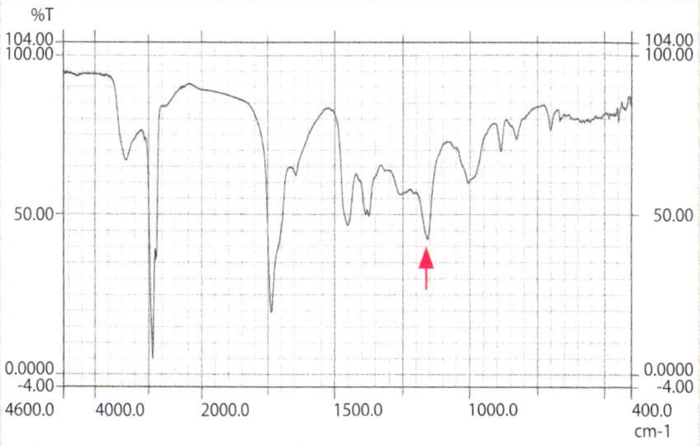

赤外吸収　天然アンバー（バルト海）

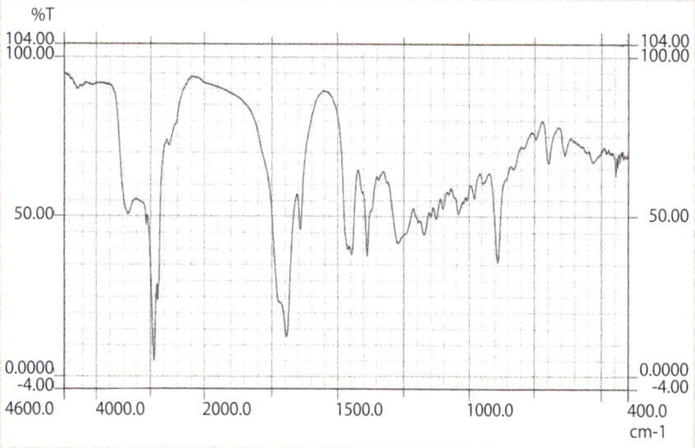

赤外吸収　天然コーパル（コロンビア産）

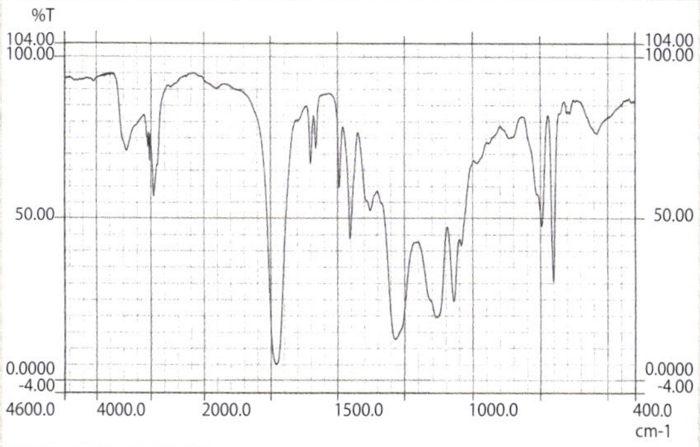

赤外吸収　合成樹脂（不飽和ポリエステル）

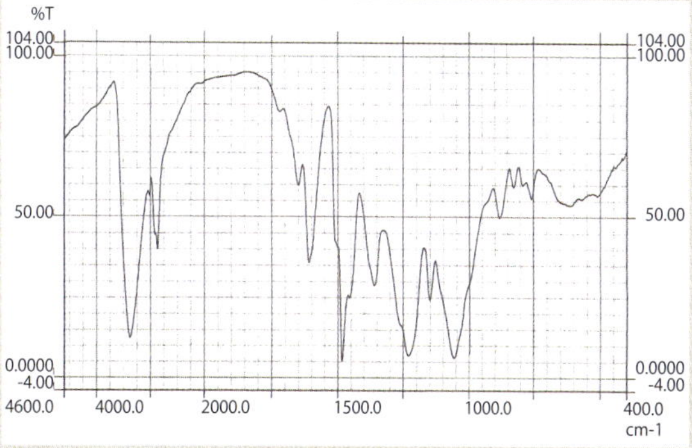

赤外吸収　合成樹脂（フェノールホルムアルデヒド）

参考：

琥珀の鑑別は以上に取上げた方法で行い、検査品と琥珀のデータとの相違点を検出するが、しかしその検査のほとんどは一般に行うには無理な部分が多く、簡単に行えるのは紫外線を照射したときの蛍光色を見るというくらいのものである。

処理石を鑑別する

処理とは改めて手（人為）を加える事をいうが、琥珀に行われる処理は過去の歴史の中で開発された加工の仕方が基本となっている。

今、それらの技法は、科学の発達や設備の進歩の下でかつてとは比べものにならないほど高度なものとなっている。

したがって、加工と同じ系列の中で行われている処理をどのように区分するかという問題が生じる。琥珀に関しては製品化の加工のどこまでを必要なものとし、どこからがそうでないものとするかの見極めが難しい。琥珀を加工する事自体が処理といえるからである。

そこで琥珀に本来備わっている資質を利用してそれを生かすものを加工と評価し、それ以外のものを改変加工と判断するのが自然だろう。

加熱処理とカット、彫刻を組み合わせて行う事で、様々な魅力ある製品が作られている。琥珀がもつ性質を生かして加熱で発色した褐色・橙色・褐赤色・褐黒色の層を削り落とす事により色のコントラストを付け、かつてないほどの美しい商品が流通している。

模造品を鑑別する

琥珀の模造品には、「色《カラー》」と「模様《パターン》」と「包有物《インクルージョン》」を模倣した大きく３つのタイプがあるが、そのすべてが琥珀をイメージして再現したものである。

ほぼすべてのものは、重さと質感を似せる為に合成樹脂（いわゆるプラスチック）を素材として作られているが、黄色から褐色の透明なだけのタイプのものや、流動模様を表現したもの、現生の植物片や虫を入れて創作したものがある。それらの中にはかなりリアルな出来のものもあるが、さらに、気泡を含ませたプラスチックを加圧してグリッターを発生させたものや、琥珀やコーパルの原石の上に植物や昆虫を乗せて、その上をプラスチックで覆ってかなり精巧に作られたものもある。一方で、プラスチックの裏面に植物や昆虫の模様を張り付けただけの稚拙なものもある。

かなり良く作られた偽物（模造琥珀）。
トカゲを取り込んだ琥珀はとてつもなく希少であるが故にこの様なものが作られる。
この標本はかなり精巧に作られているが、トカゲに生々しさが残る。現生のものを少し乾燥させて樹脂に埋め込んでいる。

目視では１つの琥珀に見えるが、科学的手法で観察すると、その製造方法が見てとれる。
右の写真は紫外線を照射して観察したもので、蛍光色が異なるのは物質が異なっている為である。分析の結果、ブルーに蛍光している部分はポリエステル系の合成樹脂、黄色く蛍光している部分は琥珀（分析データよりドミニカ共和国産の琥珀）である。
分析の結果、この「トカゲ入り琥珀」は、琥珀の凹んだ部分にトカゲを入れて、合成樹脂で封じ込めて作った事がわかる。

◉ 地質年代表

地球の誕生の時間を 46 億年前として

46 億年～ 40 億年前	冥王代	
40 億年～ 20 億年前	太古代（始生代）	
20 億年～ 5 億 7,000 万年前	原生代	
5 億 7,000 万年～ 5 億年前	古生代	カンブリア紀
5 億年～ 4 億 3,500 万年前		オルドビス紀
4 億 3,500 万年～ 3 億 9,500 万年前		シルル紀
3 億 9,500 万年～ 3 億 4,500 万年前		デボン紀
3 億 4,500 万年～ 2 億 8,000 万年前		石炭紀
2 億 8,000 万年～ 2 億 3,000 万年前		ペルム紀（二畳紀）
2 億 3,000 万年～ 1 億 9,500 万年前	中生代	三畳紀
1 億 9,500 万年～ 1 億 4,000 万年前		ジュラ紀
1 億 4,000 万年～ 6,500 万年前		白亜紀
6,500 万年～ 5,500 万年前	新生代	古第三紀、暁新世
5,500 万年～ 3,850 万年前		古第三紀、始新世
3,850 万年～ 2,250 万年前		古第三紀、漸新世
2,250 万年～ 500 万年前		新第三紀、中新世
500 万年～ 180 万年前		新第三紀、鮮新世
180 万年～ 1 万年前		第四紀、更新世
1 万年～現在		第四紀、完新世

◉ 琥珀の関連名称

マーケットの中で、琥珀に関する名称はかなり多くの数がある。その中には琥珀の類似品や模造品に対するものもある。ここでは、そのいくつかをひろってみた。

▶アンバー・オパール
鉄分で着色された黄色から褐色のコモン・オパールの事で、その色が琥珀を連想させるところから呼ばれる。

▶アンバーリン Amberrine
アメリカ カリフォルニア州デスバレーに産する帯緑黄色のモスアゲートのローカル・ネーム。

▶アンブライト Ambrite
ニュージーランドに産する化石樹脂で、コーパルのことをいう。

▶アンブロイド Ambroid
一部でアンブレイド、アンバーロイドともいう。琥珀の粉末や粒子を加熱加圧し、棒状や板状に固めたものを指す商業用語で、“琥珀に準ずるもの”という意味がある。英語圏では“リコンストラクテッド・アンバー Reconstructed amber（再生琥珀）”と呼ばれる。しかしこの再生という呼称は学術的には正しくない。

▶合成琥珀
現在時点で、琥珀に相当する人工の樹脂製品は作られていない。マーケットで遭遇するこの名称をもつものは、多くの場合プラスチックの模造品である。時にアンブロイドが、この名前で呼ばれている事がある。

▶コーパル琥珀 or コーパル・アンバー
琥珀の硬化状態にまで至っていない、植物樹脂化石をいう。

▶再生琥珀
アンブロイドの事を指すが、正しくない呼称。時にプレスト・アンバーと同義に使われる。

▶ニュー・アンバー or ニュー琥珀
そのほとんどがプラスチック製の模造琥珀である。

▶ブラック・アンバー
ジェットの別名で、琥珀と同様に海水に浮いて流されて発見されるところから呼ばれた。しかしこの呼称は正しくない。

▶蜜蝋《みつろう》琥珀
本来が、その外観をいった中国での琥珀の名称。誤って蜜蝋が化石となったものといわれる。不透明な琥珀に似ているものがあるが、コーパルと合成樹脂を混合して成形したものである。黄色・褐色・赤色のものがあり、アフリカ・アンバー等と呼ばれ 40 年ほど前に鑑別に多く持ち込まれた。現在はアンティーク・ビーズの世界で散見する。

◉ 琥珀の模倣に使われる合成樹脂

琥珀を模倣する目的で複数の合成樹脂が使われている。次にその種類を、筆者の研究所で知る限りで上げておく。宝飾用の模造品を始めとして、映画ジュラシック・パーク以来人気が急上昇している虫や動物入りのタイプもあり、実に様々な贋物が作られて流通している。

▶フェノール樹脂 Phenol-formaldehyde

正式名称はフェノール・ホルムアルデヒドで、石炭酸樹脂ともいう。世界で初めて植物以外の原料より人工的に合成されたプラスチックで、商品名を「ベークライト（Bakelite）」という。
屈折率（1．61～1．66）
比重（1．25～1．30）

▶アミノ樹脂 Aminoplastic

ベークライトの改良品の熱硬化性樹脂で、尿素樹脂（ユリア樹脂）、メラミン樹脂、アニリン樹脂、グアナミン樹脂がある。
屈折率（1．55～1．62）
比重（1．50）

▶セルロイド Celluloid

セルロイドは商品名で、ニトロセルロースと樟脳《しょうのう》などから合成する樹脂のことをいう。1868年に、象牙の代わりになるビリヤードの玉の製造を目的に作られた歴史上で最初の熱可塑《かそ》性樹脂で、90℃程度の加熱で軟化して成形が簡単であることから大量に作られた。しかし著しい可燃性が問題となり、後に開発されたアセテートやポリエチレンにとって代わられた。
また長期にわたって光や空気（酸素）などに触れると、原料であるセルロースと硝酸に分解し、ベトついたり亀裂を生じるという欠陥がある。
屈折率（1．50～1．52）
比重（1．38）

▶セルローズ・アセテート Cellulose acetate

略称名でアセテートともいう。1921年より生産が始まった、天然素材の原料で作られる半合成繊維。安全セルロイドともいう。
屈折率（1．49～1．51）
比重（1．29）

▶カゼイン樹脂 Casein

牛乳のタンパク質を原料として作られた樹脂。通称で「ラクト（ラクトロイド）」と呼ばれるが、本来はダイセル化学工業株式会社の登録商標である。
屈折率（1．55）
比重（1．32～1．39）

▶尿素系フォルムアルデヒド樹脂 Urea-formaldehyde

熱硬化性樹脂で、ユリア樹脂ともいう。
屈折率（1．55～1．60）
比重（1．50）

▶アクリル樹脂 Acrylic resin

アクリル酸またはメタクリル酸のエステルを主成分とする樹脂。パースペックス（Perspex）ともいう。透明性は通常知られている樹脂中でもっとも高く、硬くて耐候性にすぐれている。
屈折率（1．50）
比重（1．18）

▶ポリスチレン Polystyrene

スチレンを重合して得られる代表的な汎用熱可塑性樹脂。スチレン樹脂 styrene Resin、ポリスチロール polystyrol ともいう。発明は1835年で、ドイツのイーゲー・ファーベン社で製造が始まった。
屈折率（1．59）
比重（1．05）

▶ポリエステル Polyeste

1941年にイギリスのキャリコプリンターズ社で発表された石油系の樹脂で、アクリル樹脂やアルキッド樹脂等がある。よく知られるところでは、繊維やペットボトルなどに使われている。
屈折率（1．53）
比重（1．20）
※ポリエステル樹脂の中に琥珀片を封入した模造品があり、『ポリバーン（Polybern）』と呼ばれ、ドイツ製のものが有名である。

索引

あ

か

さ

た

市場で実際に使われている言葉を調べる場合を想定し、
フォールスネームの名前についても、一部収録しています。

な

は

ま

や

ら

最後に ――――

樹液中の樹脂が固まりだして、それが琥珀の様な硬さの化石にまで変化するのには、凡そ 1,000 万年から 3,000 万年以上の時間がかかる。
硬化の違いが物性の差を生むわけで、性質の弱いものをコーパル、より強いものを琥珀（アンバー）と呼んでいる。現在発見されている産地から回収される天然樹脂をその年代（固化（分子重合）の程度）により区別しているわけで、この先それらをつなぐ形成年代の化石樹脂が発見される事はあるだろう。琥珀（アンバー）もコーパルの名前もその命名の時点でのものであり、これまでのものとは年代の異なる化石樹脂が相次いで発見されている今、コーパルと琥珀のあいだを埋める産地が発見され、新しい宝石名を考えなくてはならない時が遠くない未来に来ている気がする。

著 者 紹 介

日本彩珠宝石研究所所長。1950 年生まれ。1971 年今吉隆治に参画「日本彩珠研究所」の設立に寄与。日本産宝石鉱物や飾り石の世界への普及を行う。この間、宝石の放射線着色や加熱による色の改良、オパールの合成、真珠の養殖などの研究を行う。1985 年宝石製造業、鑑別機関に勤務後「日本彩珠宝石研究所」を設立。崎川範行、田賀井秀夫が参画。新しいタイプの宝石の鑑別機関として始動。2001 年日本の宝石文化を後世に伝える宝石宝飾資料館を作ることを最終目的とし、「宝飾文化を造る会」を設立。現在同会会長。2006 年天然石検定協議会の会長に就任。終始 " 宝石は品質をみて取り扱うことを重視すべき " を一貫のテーマとした教育を行い、" 収集と分類は宝飾の文化を考える最大の資料なり " として収集した飯田コレクションを、現在同研究所の小資料館に収蔵。

【日本彩珠宝石研究所】〒 110-0005 東京都台東区上野 5-11-7 司宝ビル 2F
TEL.03-3834-3468 FAX.03-3834-3469 saiju@smile.ocn.ne.jp
http://www.saijuhouseki.com

宝石のほん シリーズ vol.01
琥珀 こはく

2015 年 11 月 25 日 第 1 刷 発刊

著 者 飯田 孝一（日本彩珠宝石研究所 所長）

協 力 久慈琥珀博物館

写真提供 p.2-3、p.5 Catmando/Shutterstock.com
p.8 上 TsuneoMP/Shutterstock.com
p.10 Maria Rita Meli/Shutterstock.com
p.12 下 Sofiaworld/Shutterstock.com
p.16-17 Lonely/Shutterstock.com
p.22 左 Alpsdake・右 João Medeiros

写 真 小林 淳（一部をのぞく）

デザイン シマノノノ

編 集 島野 聡子

発行人 浅井 潤一

発行所 株式会社 亥辰舎
〒 612-8438 京都市伏見区深草フチ町 1-3
TEL.075-644-8141 FAX.075-644-5225
http://www.ishinsha.com

印刷所 土山印刷株式会社

定 価 本体 1,800 円＋税
ISBN978-4-904850-50-3 C1040